软装配色基础课

陈兰 著

FOR COLOR
SCHEMES

辽宁科学技术出版社
·沈阳·

图书在版编目（CIP）数据

软装配色基础课 / 陈兰著 . —沈阳：辽宁科学技术出版社 , 2023.7
ISBN 978-7-5591-2840-9

Ⅰ . ①软… Ⅱ . ①陈… Ⅲ . ①室内装饰设计－配色
Ⅳ . ① TU238.2

中国版本图书馆 CIP 数据核字 (2022) 第 246554 号

出版发行：辽宁科学技术出版社
　　　　　（地址：沈阳市和平区十一纬路 25 号　邮编：110003）
印 刷 者：鹤山雅图仕印刷有限公司
经 销 者：各地新华书店
幅面尺寸：185mm×260mm
印　　张：17
字　　数：230 千字
出版时间：2023 年 7 月第 1 版
印刷时间：2023 年 7 月第 1 次印刷
责任编辑：鄢　格
封面设计：周　洁
版式设计：周　洁
责任校对：韩欣桐

书　　号：ISBN 978-7-5591-2840-9
定　　价：98.00 元

联系电话：024-23280367
邮购热线：024-23284502
E-mail: 1076152536@qq.com
http://www.lnkj.com.cn

序一

　　如果从家居和家具的自身设计功能的角度来说，室内色彩搭配其实具有辅助展示功能。但是，我们在社会的进化中，偏偏越来越多地注重更为"感性的功能"，这些功能就是"美""圈层""档次""地位""精神情感"等等，进而室内设计师不断打造和挖掘家居装修风格，以适应不同客户群体的实际需求。同时，也能够更好地让自己所坚守的风格获得更多客户群的认可。要想准确定位室内风格，在不增加预算的基础上营造出高级感，这一切很大程度都要归功于色彩搭配了。

　　关于室内色彩搭配，近几年在视觉配色方面取得了很大的突破，在文化理念上又承接了"00后"与时尚的二次元概念等，这些足以让室内色彩搭配不再像十年前那样显得相对生硬与技术上的按部就班。家居软装以更多的个性化展现的形式，不但帮助了家居品牌和软装设计师实现与竞争对手之间的差异化，更实现了客户对家居独有的表达与诉求，所以家居的色彩搭配概念越来越受到大家的关注。

　　陈兰老师在室内配色领域沉淀了很多年，也成就了大量优秀的家居配色和软装作品，特别是在她的书中为寻求自身配色风格和技巧的设计师们，提供了有效解决不同家居配色难题的方案。我相信，他们确确实实在书中能找到属于自己的配色应用方法，并且形成自己的室内色彩企划系统。这对当下的设计师在实际应用中更具指导意义。

　　你现在去看中国的室内设计行业，已经看不到品牌商们漠视家居配色了，他们更清楚地意识到，色彩搭配和陈列必然是品牌设计的重中之重，团队与设计师无论有多么厉害的设计能力，如果配色不当，都终将会在实际的项目呈现中失掉"自己的语言"！这是现在所有的品牌商都意识到的，并且，每天都在寻求更加有效的方法来获得自己的品牌在渠道中的形象突破。

　　在新经济环境下，越来越多的人宅家办公或学习，这让更多的人关注自身的居住环境，从而愿意投入更多金钱和精力去提升自身审美。而色彩搭配是改变家居形象的核心武器，所以，在现今这个环境下，陈兰老师的这本书应时而出，让更多的室内设计师和普通的消费者都能轻松地学习家居配色知识，不再把配色的理念束之高阁，而是落于执行，并给执行的配色方案找到具体的方法，其中，更多的方法确实可以起到"举一反三"的强大作用，实用性自然不言自明。

　　我期望这本书能够早日问世，能够帮助到更多对配色感兴趣的人，也能够提升全民审美，并给予全民配色的方法和指导。

　　期待也是一种依靠，我觉得，我从未有过如此的期待……

彩虹老师
2022 年 10 月于深圳

序二

　　我们长期生活在色彩环境中，大到对世界的认知，海洋、大地、森林，小到我们使用的画笔、纸张、家具、面等，我们用色彩来装扮生活及抚慰感官。色彩既可以是一种感受，也是一种信息元素，是客观世界通过人的视觉器官形成的信息来源，人们通过色彩更好地认知世界。

　　随着时代的进步，人们的精神及物质生活需求不断地提高，消费人群的审美眼光也在发生着变化。在视觉艺术中，色彩也具有先声夺人的力量，色彩的治愈感、舒适度已经成了人们精神上的一种享受。色彩是一种视觉的心理感受，很多设计师在色彩应用上大多没有经过专业的科学训练，遇到配色就无从下手，凭感觉配色往往事与愿违，不够出彩，甚至经常翻车。从未思考过，色彩是哪里来的呢？我们是怎么看见颜色的？哪些颜色更舒服、更美观呢？

　　这本耗时 2 年编写的色彩图书，用 5 章系统解析，帮助室内设计师、色彩搭配师、软装设计师和业主群体进行科学配色——如何高效地学习色彩，如何平衡好色彩与生活之间的关系，如何利用颜色来提高生活品质以及如何用理性来思考色彩的原理。读者可以通过书中的练习来实践，轻松掌握色彩的基本原理，应用室内空间的构成要素以及配色的规律方法。

　　马蒂斯说过："如果线条是诉诸心灵的，色彩则是诉诸感觉的。"室内的颜色，一幅画，一盆花，一面治愈系的乳胶漆墙，一个抱枕，往往就能起到吸引视觉注意力的作用。色彩能调节室内温度感，能调节情绪，如红色会令人兴奋，蓝色会令人专注，还能营造空间感，通过室内色彩空间布局可以灵活伸缩视觉上的空间尺度感。

　　书中运用大量的案例、图表、传统的装饰纹样，中国传统色、色彩情感、色彩心理、软装材质与面料图案搭配技巧，色彩面积与室内之间的关系，把室内设计项目中经常遇到的色彩搭配类的问题都提炼出来，用通俗易懂的语言诠释室内配色灵魂。运用色彩成为必备的职业技能之一，学完就可以轻松应用。

　　色彩是一门专业要求极高的学科，一位优秀的设计师，其设计风格也往往跟其色彩使用习惯有极大的关系。在色彩技能的加持下，融入柔光、材质肌理，空间尺度造型科学有序地结合，空间被赋予了新的生命力，也可以帮助提升核心竞争力，提高审美。同样，色彩可以改变习惯、心情，改变人类的生活方式，让生活更美好，更具新活力。

设计得到 羽番

2022 年 10 月 18 日于上海

前言

　　我们所生活的世界是五颜六色的，色彩搭配是现代居住空间设计中较为重要的环节之一，它决定了空间的呈现效果。我们常常讲新中式风格、东方风格、法式优雅浪漫风格、英式庄园风格、当代极繁巴洛克风格、极简风格、包豪斯风格、中古风格、北欧风格、摩登风格、稳重商务风格等，不同的风格呈现出的色彩不一样，不同色彩具有不同的象征意义。色彩是感性的，一些人只是欣赏和感受色彩，而另一些人需要分析和掌控色彩。即使具备设计学科背景，或者在色彩方面经过正规的培训，在运用色彩创作时也会感受到它的神秘。如何快速地提升色彩搭配能力，是本书写作的初衷。化繁为简，由你自己建构色彩体系。

　　色彩搭配师和 CMF 设计师近些年一直很火热，那什么是色彩搭配师？《中华人民共和国职业分类大典（2015 版）》有解释：从事客户色彩需求分析、色彩流行趋势研究、色彩搭配与设计、色彩表达等工作的人员。

　　如何成为色彩搭配师？分析客户的色彩需求；收集和整理色彩信息，研究色彩流行趋势；按照色彩特性，分析色彩需求和色彩调查结果；设计色彩搭配方案，使用色彩工具对色彩进行表达；调整和修改方案；实施色彩方案，解决实施中的问题。

　　色彩搭配师要具备什么能力？色彩设计创意能力；色彩分析和调查能力；色彩研究能力和开拓能力；色彩管理和应用能力；良好的审美力；良好的艺术基础。

　　色彩就是生活的一切，生活中无处没有色彩，不管你对色彩喜好与否，它都会出现在所有的环境与物品上。所有的颜色都附着在材质上，即使是透明色，也是一种材质呈现的透明色。色彩、材质、颜色、肌理、纹样五者不可分割、同时存在，所以书中也有对纹样简单介绍，让读者了解"纹样决定风格"。

　　进入室内空间中，我们会欣赏结构的美、线条的美、质地的美等，但是在所有的因素中，色彩的美是最首要的、最显著的，也是视觉感最强烈的。色彩的语言太过丰富，在人们的内心世界里产生了各种各样的情感，它虽然无声，却承载着极其丰富的作用和内涵。色彩是认识就可以的吗？其实不然，我们有专门读取它的方式，并且这种方式是根据色彩的倾向，或各种指标最终指向一个颜色。

　　系统地学习色彩，用色彩正确地传递空间信息，赋予其可见的"灵魂"，传授色彩语义的功能性、独特性、情感性和审美性，培养色彩设计系统思维及色彩创意设计思维，本书针对有既定目标的设计方案，让人快速地找到色彩搭配的逻辑，分析如何才能使配色更具效果和表现力。除了形态、大小之外，我们经常还会通过色彩来对事物的状态、情形和感觉做出判断。色彩被誉为是一种可以激发情感、刺激感官的元素。

　　书中尽量避免使用晦涩难懂的表达，运用简单明了的术语，并通过案例展示不同风格的色彩搭配方案。只需要以纯度、明度为基础，阐明色调色彩搭配技法、六大色彩风格搭配公式，帮助设计师快速找到不同色彩风格的匹配关系，实现各种风格的精细化配色，避免色彩同质化现象的发生。在空间中运用好色彩是十分有效的设计手段，也是最低成本的投资。

　　书末尾附有供读者当工具查阅的中国色彩、名画色彩、不同场合的配色方案等。衷心希望本书能够对你们有所帮助。

陈兰

2022 年 10 月于深圳

目录

COLOR AND LIFE

一、为什么学习色彩

1. 色彩是较为引人注意的视觉元素之一

（1）色彩对视觉的影响较大

有了光，于是世间万物便有了色彩（图1）。人感受物体主要依靠视觉和触觉，两者之中视觉先于触觉，而色彩对人的视觉影响又是最大的。例如，在提到橙子时，多数人首先会联想到的是它的颜色——橙色，而后才是它的外形——圆形（图2）。有这样一句俗语，"远看颜色近看花"，充分证明了色彩的作用。色彩是世间万物较为显著的外貌特征，色彩突出的事物容易被发现，所以说它是较能引起人们注意的视觉元素之一。

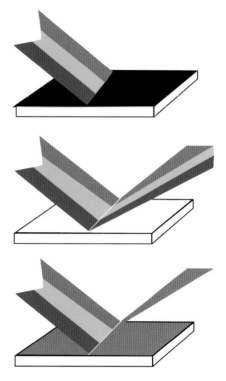

图1. 不同颜色的产生是因为物体吸收或反射了某些波长的光线

（2）色彩是室内设计的灵魂

对于任何领域的设计师来说，系统地学习色彩知识格外重要，能够随心地运用色彩更是必备的职业技能之一。对于室内设计来说，色彩更是其灵魂般的存在。

在大自然中，人们通过四季的变化可以感受到不同色彩的魅力，当然希望将自然的魅力也转移到室内空间中。居住的环境要舒适，对美观性的要求也较高，同时还需要展现个性。可以说，色彩环境的塑造可以充分满足业主的要求，也是一条达到理想设计效果的捷径。利用色彩的特征，可以达到表现个性、先声夺人的目的。

图2. 橙子的颜色会先于外形而出现在人们的脑海中

2. 世间万物离不开色彩

（1）色彩在生活中的作用

在生活中色彩无处不在。可以说，色彩潜移默化地影响着人们生活的方方面面，不仅能够让人感受到美，也能影响人的情绪。人们的衣、食、住、行，一天之中清晨和黄昏的变化，春、夏、秋、冬四季的变化，都离不开色彩（图3、图4）。色彩每时每刻都在我们身边，只是往往被大多数人所忽视。

图3、图4. 清晨和黄昏，之所以能够让人们产生不同的情感，主要原因是色彩的变化

色彩具有心理效果、象征效果、文化效果、政治效果等。在生活中，主要体现在其心理效果上，如影响食欲、改变心情等。配色活泼或对比强烈的食物、餐具或桌布可以提升食欲（图5），反之，若食物、餐具或桌布的颜色搭配过于暗沉，则会降低食欲。配色活泼的食物或饮料广告，能够引发人们的购买欲；配色活泼的衣物能让人心情开朗，黑白灰颜色的衣物则会使人冷静。

图5. 配色活泼的餐具，能够增强人们的食欲

（2）色彩的视觉影响可转化为心理影响

人们在通过视觉感受到色彩后，会在脑海中与以往的生活经验和自然界的事物产生联想，进而产生不同的心理感受。人们生活的环境中无处不存在色彩，所以这种心理的影响也是时时刻刻的。人们之所以很难感受到色彩对自己心理的影响，是因为这些影响总是在潜移默化中起作用。色彩对心理的影响发生在不同的层次，有些属于直接的刺激，有些则需要通过联想起作用，甚至涉及观念信仰等。

色彩带给人们的影响是复杂的。每个人的成长背景都不相同，色彩对人的影响便产生了巨大的个体差异。不仅是从事设计相关专业的人士需要学习色彩知识，非设计相关专业的人士也可以通过色彩学习来提高自我潜意识里面的觉察力，观察情绪是否因为颜色的变换而发生变化。追求个人成长，建立对色彩的敏感度和对自我感受的觉察力，由此提升职业能力及个人形象，是一件十分有意义的事情，可以受用终身。

3. 用理性思考，用感性行动

（1）色彩使人产生情绪

无论是室内设计、服装设计，还是工业设计，色彩搭配会让人产生一种情绪——所呈现的作品可以视作用具体的材料、光、环境等来打造一种抽象意义上的情绪。

当人看到以白色和灰色为主的室内空间时，会感觉安静（图6）。而看到以红色为主的室内空间时，则会感觉热闹（图7）。当人们看到蓝色的汉堡包时，第一反应是坏了（图8）。当看到草莓红和奶油白的甜甜圈组合在一起时，第一反应是甜蜜（图9）。相同造型的两款椅子，仅仅是换了面料，给人的感觉就完全不同。左侧是素色沙发椅（图10），右侧是花布沙发椅（图11）。对比来说，左图的椅子会让人感觉更干净，而右图对于有些人来说会觉得稍显花哨。

由以上实例可以得出这样一个结论：在设计产品时，色彩、纹样、肌理是首先考虑的要素。想要呈现何种感受，就以此为目的进行设计。很多人认为色彩搭配依靠的是设计师的感觉。实际上，色彩搭配是有规律可循的。任何人只要掌握了这些规律，加上些许练习，色感都会有所提升。具体的执行方法在后面几章会详细地讲解。

图 6. 以白色和灰色为主的室内空间

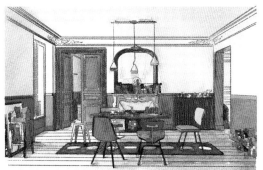

图 7. 以红色为主的室内空间

图 8. 蓝色的汉堡包　　　　　　　　图 9. 甜甜圈

图 10. 素色沙发椅

图 11. 花布沙发椅

（2）大师对色彩情绪的运用

利用色彩来表达情绪，从而使人产生共鸣，这是画家们常用的手段，尤其是抽象主义画家。因为没有具象的物体来传达情绪，所以色彩就成了主要因素。从抽象绘画技法上看，基本上只有点、线、面的色块。

①马列维奇

马列维奇首创了几何形绘画，是 20 世纪抽象绘画的伟大先驱。所有的基本造型都源于方形：长方形是方形的延伸，圆形是方形的自转，十字形是方形的垂直与水平交叉。马列维奇解释道："我的新画作并不仅仅属于地球。地球已经被捐弃，就像人们弃置一栋房屋。"正是这种对最基本的物理性质——地球重力的挑战，让马列维奇的抽象图案出现在了一个精神和心灵的平面上（图12、图 13）。

图 12、图 13. 马列维奇的画作

②康定斯基

康定斯基曾试图把抒情的抽象和几何的抽象有机结合起来，在几何形的结构与造型中，配以光和色，既充满幻想、幽默，也颇具神秘色彩。艺术家的意图是通过线条和色彩、空间和运动，不参照人和自然可见的东西，来表明一种精神上的反应或决断。将主观能动性融入自然环境，强调表现主观色彩与事物本身的变化分离，通过互补色的相互重叠、碰撞和协调，以及与线条的张力和轮廓线的结合，形成一种新的和谐，表现画家内心深处的感受，与观者产生共鸣。

康定斯基曾说过："色彩是对灵魂发挥直接影响力的手段。色彩是键盘，双眼是音锤，而灵魂是拥有许多琴弦的钢琴。艺术家是演奏钢琴的双手，有目的地敲击键盘以引起灵魂的颤动。而绘画是由色彩、造型和线条所创造出来的音乐。因此，抽象绘画可谓是一种视觉音乐。"（图14、图15）

③米罗

米罗的画往往没有具体的形，只有一些线条、一些形的胚胎、一些类似于儿童涂鸦期的偶得形状。颜色非常简单，红、黄、绿、蓝、黑、白，在画面上被平涂成一个个色块。尽管米罗的画天真单纯，仿佛出自儿童之手，但却没有儿童画的稚拙感。这些画看起来自由、轻快、无拘无束，

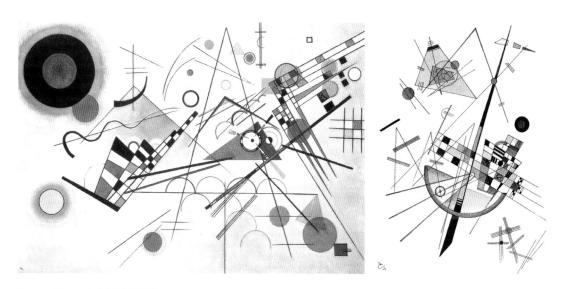

图14、图15.康定斯基的画作

用极自然的艺术语言、超越时空的方式与观众交流。米罗艺术的卓越之处，并不在于他的肖像画或绘画结构，而是作品带有幻想的幽默——这也是要素之一。米罗的空想世界非常生动——他的有机物和野兽，甚至那些无生命的物体，都有一种热情的活力，使人们觉得比日常所见更为真实。（图 16～图 18）

图 16～图 18. 米罗的画作

④蒙德里安

蒙德里安运用三原色、三非色、水平线-垂线的网格结构，揭示自然的真实本质。他认为自然的力量与人类的感觉和思考相互关联，从内省的深刻观感与洞察里追寻艺术的内在规律，创造普遍的现象秩序与均衡之美并探索纯粹的精神表达。他崇拜直线美，主张通过直角秩序的造型呈现形式的美感，如同内在韵律的附随，又仿佛心中流泻的旋律。秩序、安宁而乐观的画面，显示出宁静清澈的人类本性，也为宇宙和谐提供完美范例。

他的代表作品都是很有规律排列的红、黄、蓝、白格子。如果是非艺术专业或对画作不感兴趣的人，很难通过画面上的线条或块面来感受画家的情绪，但他的画作之所以被人们所喜爱，就在于画面呈现给观众的一种情绪（图19、图20）。

（3）学会感受色彩的情绪

了解到色彩对情绪的作用后，可以在日常生活中有针对性地提高感知力。例如，走在街上、地铁内、商场中、办公室里时，可以有意识地对身边的色彩进行观察，去捕捉不同的场合、不同的人物以及不同的事件产生的不同心理感受。这样，可以提升对生活细节的敏感力，提升对色彩的感知力。学习色彩不仅能提高专业技能，也能提升对生活美的认知。

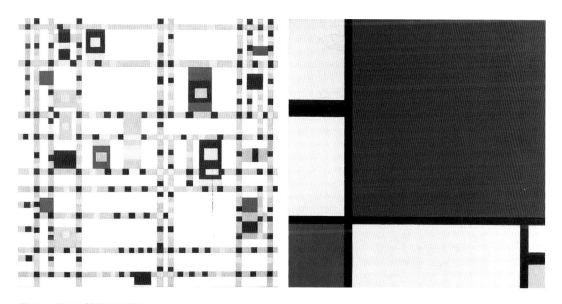

图19、图20.蒙德里安的作品

二、时尚与流行色

1. 流行色的成因

　　时尚色彩最早出现于 20 世纪后半叶。第二次世界大战后，因为战争的影响，人们多穿着黑色系或浅素色的衣服，来表示对逝者的哀悼和对世界和平的向往。这就是当时的流行色，也是最早的流行色。20 世纪 60 年代初，大部分国家的经济开始回温，人们对色彩的选择更加多样化，商界开始将色彩作为刺激消费的一种手段。此时，色彩的流行性逐渐显露出来，并出现了国际性的流行色彩。流行色指的是在一定时间段内最受人们欢迎的色调。其产生主要受到特有的色彩环境、社会思潮及流动性等因素的影响（图 21）。

（1）在特有的色彩环境中产生

　　特有的色彩环境主要包括两个方面：一是文化传统和民族习俗，二是地域特点。在此环境的影响下，某一地区或国家的人往往会形成独特的色彩审美观，这就决定了这些特定区域的色彩流行现象。

图 21. 2000 年至 2013 年的年度最受欢迎流行色

（2）社会思潮的影响

国际的政治、经济、文化的一些重大变化或潮流对色彩审美的影响是非常广泛而深刻的，有时具有决定性意义。例如，20 世纪 60 年代流行迷幻色彩，是因为反主流文化和社会变革（图22）；到了 20 世纪 70 年代，在环境保护的影响下，开始流行泥土色（图 23）；20 世纪 80 年代经济复苏，同时受新艺术潮流的影响，充满活力的颜色开始回归（图 24）；至千禧年，科技革命带来了全球化，使全世界都发生了翻天覆地的变化，流行的色彩更富有表现力（图 25）；近年来，因为国际大环境整体较为平和且男女平等越来越被大家所重视，流行色则多呈现出了女性特征。

当一种社会思潮产生时，首先受影响的通常是艺术领域，如电影、戏剧、音乐、小说、美术等，同时也会影响其相关设计领域，如服装设计、室内设计、家具设计、建筑设计、工业品设计、手工艺品设计、环境设计等。这些艺术设计领域的审美情趣的变化对色彩的流行往往有较大的影响作用。

流行色的色彩审美往往是在流动中完成的。服装与人们的生活息息相关，是流行色的最大载体。作为与艺术领域无关的普通人群，接触流行色的最佳途径也是服装。随着审美情趣的不断提升，越来越多的人开始关注品牌服装秀，这些服装上的色彩也就会以最快的途径流动，成为流行色。在这种趋势影响下，一些色彩权威机构所发布的流行色预测，才逐渐地被人们所关注，进而被运用到各个领域中。

图 22. 20 世纪 60 年代流行色

图 23. 20 世纪 70 年代流行色

图 24. 20 世纪 80 年代流行色　　　　图 25. 千禧年流行色

2. 流行色的特征

(1) 流行色的出现不是一个孤立现象

流行色的产生和发展并不是一个孤立的现象，是由社会各方面影响和推动的。在信息全球化的今天，流行色的影响也不再限于本地区或本国，而是与世界各地产生了交流。

(2) 流行色并不是特指某一种色彩

流行色的生成与发展是社会色彩审美心理的反映。因受到成长环境等因素的影响，人们对色彩的审美是具有差别性的。因此，色彩机构在发布流行色时，充分尊重个性。同时，无论是在生活中，还是在设计领域中，很少仅使用一种色彩，多与其他色彩搭配使用。色彩机构在发布流行色时多以流行色卡列出可能流行的色彩群，如色彩的深中浅，明度和彩度的高中低及各个不同的色相，在发布色彩的同时告诉人们应该怎样去运用色彩（图 26、图 27）。

(3) 每一季的流行色有显著的倾向性

流行色的色卡上有很多颜色，与上一季的流行色会有一些差异。只有这样，才能让流行色保持新鲜感和流行性。而仔细观察，又可以发现，新的色彩总会有上一季的影子。因此，新色彩的产生具有延续性和显著的倾向性，这是新色彩流行的基础。根据这种现象，可以得出两个结论：一是新的流行色是在以往的色彩基础上产生的；二是新的流行色必须要能与以往的色彩很好地融合，并且又有不同于以往的新鲜感。它们是互相依存、互相成就的关系。

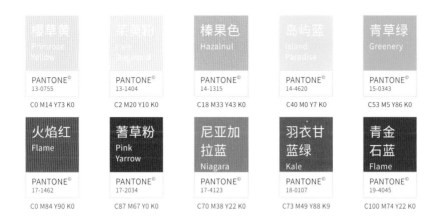

图 26. 2020 年潘通发布的流行色卡

图 27. 2021 年潘通发布的流行色卡

3. 流行色的预测

前面说过，流行色的产生受色彩环境、社会思潮的影响，这就为流行色的预测提供了一定的基础。除此之外，在预测流行色时，对色彩自身存在的规律还会有所注重。在诸如色彩变化走向、色彩组合比例、色彩排列程序等方面，都不会脱离色彩自身规律的制约，而是会做到若即若离。

流行色的预测并不是一蹴而就的事情。以服装流行色为例，国际流行色预测定案一般需要提前 18 个月发布，然后是织物流行面料的公众展出，最后是服装流行款式同业内人士见面。

4. 流行色的应用

流行色发布的意义在于应用。它不仅仅被用于服装领域，在室内设计、家具陈设、日用商品、车辆船舶和产品包装等方面都有一席之地，与人们的生活息息相关。如今，流行色不再单纯是一种颜色，而是作为一种信息、一种资源而存在。

在室内设计领域进行色彩搭配时，可以结合风格特征、主人审美及搭配规律等，恰当地运用流行色。这不单是一种浮于表面的、对流行趋势的追求，还蕴含着深层的意义，让人们可以开阔视野和思维，与世界信息接轨。但需要注意的是，流行色的运用要恰当，应从自身需求出发，而不能单纯地为了追求流行趋势而运用。趋势是不断变化的，只有适合自己的才会是经典！

练 习

· 我们要追逐流行色吗？
· 我们该如何应用流行色？

THEORY OF COLOR

一、空间色彩的基本原理

1. 室内设计的空间感

（1）色彩的明度

色彩的明度是指色彩的深浅程度。各种有色物体由于其表面反射光量的不同，就会产生不同的明暗强弱。通俗一点说，就是在一个色相里面加黑色或者加白色表现出的不同明暗程度（图1）。加的白越多，明度越高；加的黑越多，明度越低（图2）。色彩的明度可分为10度，最高为1，最低为10，按照其明度特征，可将其分为高明度、中明度和低明度3种类型。

色彩的明度分为两种情况：一是相同色相的不同明度，二是不同色相的不同明度。从明度色相环上可以更清晰地看出，色相环最内一圈的明度最高，越向外明度越低。而且，不同色相之间的明度也是不同的，黄色和橙色的明度高，蓝色和紫色明度低，红色和绿色明度居中（图3）。

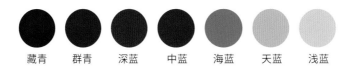

藏青　群青　深蓝　中蓝　海蓝　天蓝　浅蓝

图 1. 蓝色的明度变化

白量　　　　　　　　　　　　　　　　黑量

高明度　　　　　　　中明度　　　　　　低明度

图 2. 明度越高，色彩越亮，反之越暗

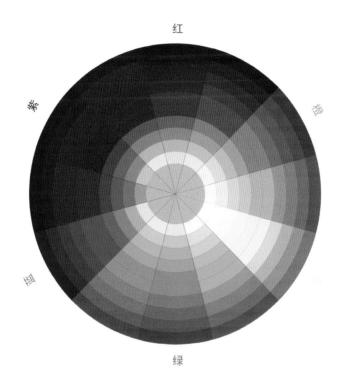

图 3. 明度色相环

（2）明度对比

当不同明度的色彩搭配在一起时，就会出现感觉上的变化。原本明度高的色彩看起来会更加明亮，明度低的色彩会显得更加暗淡，这就是明度对比。由于不同色相之间的色彩明度也是不同的，因此高明度色彩之间是存在着对比关系的。为了避免分类过多造成思维的混乱而不利于实际应用，这里将其分为 3 类，即高明度与中明度的对比、高明度与低明度的对比及中明度与低明度的对比（图 4 ～图 6）。

图 4. 高明度与中明度的对比

CMYK　0 · 14 · 77 · 0

CMYK　56 · 10 · 25 · 0

CMYK　80 · 35 · 44 · 0

CMYK　0·0·0·0

CMYK　88·88·88·88

图 5. 高明度与低明度的对比

CMYK　77·50·75·9

CMYK　88·88·88·88

图 6. 中明度与低明度的对比

　　在明度对比中，明度差越大，明快感越强，空间感也就越强。同时，使用的明度类型越多，层次感越强。这就是有些空间仅用黑白灰三色，也并不让人觉得单调的原因（图7）。

图 7. 主色仅为黑、白、灰 3 种，给人素雅的整体感，但因为高、中、低明度层次被拉开，所以仍使人感觉层次很丰富，且具有很强的立体感

CMYK　22·16·16·0

CMYK　19·22·25·0

CMYK　88·88·88·88

（3）色彩明度的作用

①让空间更具立体感

　　了解色彩的明度差后，在进行室内色彩设计时，可以通过拉开空间界面与界面、界面与陈设之间的明度差的手法，让空间更有立体感（图8）。如果室内各部分色彩之间的明度过于接近，整个空间就会因为缺乏层次感而显得过于呆板。

图8. 在色相环上蓝色的明度低于黄色的明度，以高明度的黄色为主色，用低明度的蓝色与其组合，利用不同色相之间的明度差，形成了较为丰富的层次感

CMYK　0·47·100·0

CMYK　80·30·7·0

CMYK　60·86·100·50

②改变室内氛围

不同明度的色彩给人的感觉是不同的，明度高的色彩使人感觉活泼、轻快，明度低的色彩使人感觉沉稳、厚重。在设计室内配色时，以不同明度的色彩为主，所呈现出的氛围是不同的。例如，当室内空间以低明度色彩为主时（至少占据整体的60%），整体偏暗色调，就会显得古典、稳重（图9）；若以高明度色彩为主时（至少占据整体的60%），整体偏亮色调，即使采用了多种色相，也会显得安静、优雅（图10）；若以大面积的黑白灰为主，加入少量的有彩色，则会让空间呈现出强烈的现代感。

图9. 空间以低明度色彩为主，古典气质浓郁，与此同时，搭配了部分高明度色彩，拉开了整体的明度差，来增强空间的立体感

● CMYK 63·78·100·48

● CMYK 38·30·27·0

● CMYK 88·88·88·88

图 10. 空间以高明度色彩为主，整体偏亮色调，显得安静而优雅，一点低明度色彩的加入丰富了层次感，避免了平淡和呆板

CMYK　24 · 17 · 15 · 0

CMYK　15 · 30 · 25 · 0

CMYK　27 · 30 · 30 · 0

2. 室内设计的高级感

（1）色彩的纯度

色彩的纯度是指色彩中所包含的某种颜色的饱和程度，它表示色彩中所含成分的比例。比例越大，含有色成分越多，纯度越高；比例越小，含有色成分越少，纯度越低（图11）。通俗一点说，一眼看过去，看不清色相的颜色，就是低纯度；一眼看过去，能够很清晰地辨别出色相的颜色，就是高纯度。色彩的纯度可直白地理解为在纯色中添加任何色彩，其纯度都会有所下降。在一种纯色中，分别按照不同的比例加入灰色直至完全的中性灰，就可以得出完整的纯度变化色阶，其中0～3为低纯度，4～6为中纯度，7～10为高纯度（图12）。

与色彩的明度不同，纯度变化只有一种情况：纯色的纯度最高，其他色彩的纯度均低于纯色。从色相环上，更可以直观地看出这种变化。只看彩色区域，从左至右，最左侧的一列是彩色中纯度最低的，色相的可辨别度也最低。最右侧的一列纯度最高，是纯色，看起来最清晰、最醒目（图13）。

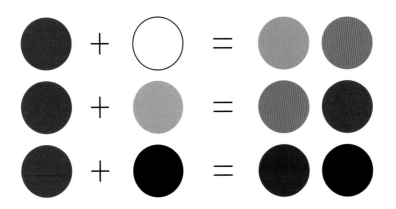

图11. 纯色的纯度最高，经过调和，有色成分比例就会降低

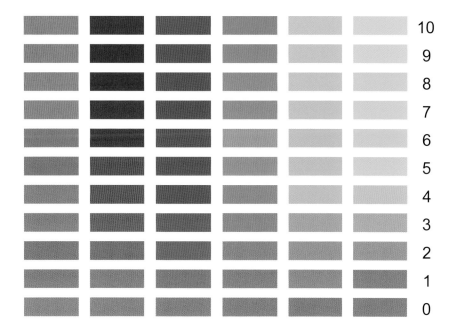

图 12. 纯度表

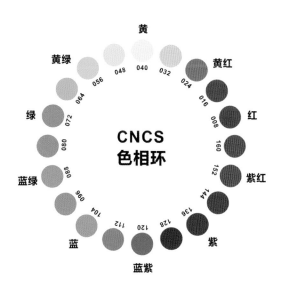

图 13. 色相环

（2）纯度对比

当纯度不同的色彩进行搭配时，原本纯度高的色彩看起来会更加鲜艳，纯度低的色彩会显得更加暗淡，这就是纯度对比。也就是说，所选取的色彩在纯度表上的色阶差距越大，它们之间的纯度差也越大，色彩之间的对比越强烈，整体配色张力越强，可达到艳丽、活泼的效果（图14）。色阶差距越小，纯度差越小，色彩之间的对比越柔和，可给人稳定的感觉，但也容易出现灰、粉、脏等感觉（图15）。若在同样纯度的区域中，选取不同的色相，对比效果也是不同的。

图 14. 高纯度差对比

CMYK　70 · 35 · 42 · 0

CMYK　48 · 0 · 45 · 0

CMYK　0 · 90 · 64 · 0

图 15. 低纯度差对比

CMYK　20 · 16 · 15 · 0

CMYK　86 · 50 · 38 · 0

CMYK　28 · 34 · 58 · 0

（3）色彩纯度的作用

①改变室内配色的感觉

将相同纯度区域中的色相进行组合，可组成高纯度对比、中纯度对比和低纯度对比3种类型。不同纯度的色彩给人的感觉是不同的：高纯度的色彩具有摩登、时尚、引人注目、活力十足等特点；中纯度的色彩比较素雅，具备都市感，兼具职业性和故事性；低纯度的色彩传递优雅、高级、安静、低调、温和的感觉。这3种组合与不同类型纯度的组合有着相同的作用，即改变室内的氛围（图16、图17）。同时，因其纯度的特征更显著，所以效果要比不同类型的纯度对比更突出一些。需要注意的是，同类型纯度组合容易因为纯度过于靠近而缺乏层次感，所以可搭配一些黑、白、灰来调节。

图16. 在以白色和灰色为主的空间中，加入了一幅由高纯度对比色彩组成的装饰画，空间立刻充满了活力

●　CMYK　73·0·22·0　　　●　CMYK　4·86·100·0

●　CMYK　30·100·100·2　　●　CMYK　0·68·100·0

图 17. 空间整体以低纯度的色彩为主，形成了一种较为稳定的效果，给人低调、素雅的感觉

● CMYK 66·69·80·32

● CMYK 55·48·54·0

● CMYK 96·60·67·22

②表现高级感

除了可以改变室内的氛围外，色彩的纯度还可以用来表现高级感。近年来，有一个十分流行的色彩系列——莫兰迪色系，就是人们所公认的高级色（图18）。它出自意大利著名画家乔治·莫兰迪，此色系不张扬、不浓烈，表现出温暖而高级的格调。

图18.莫兰迪色系

莫兰迪色系的特点：画面中所有颜色都不鲜亮，好像蒙上了一层灰。也就是说，高级感的表现，依靠的是中纯度及低纯度的色彩，且色彩之间的纯度差较小，对比较为柔和（图19、图20）。

图 19. 虽然室内使用了多种色相，但因为纯度相近且以中高明度为主，所以并不会使人感觉激烈，反而十分具有高级感

| CMYK | 15 · 29 · 24 · 0 | CMYK | 17 · 22 · 24 · 0 |
| CMYK | 38 · 13 · 29 · 0 | CMYK | 27 · 22 · 24 · 0 |

图 20. 空间以高明度的莫兰迪色系为主，搭配少量的低纯度色彩，既具有高级感，又不乏层次感

| CMYK | 22 · 42 · 27 · 0 | CMYK | 30 · 35 · 37 · 0 |
| CMYK | 93 · 62 · 55 · 10 | CMYK | 15 · 29 · 24 · 0 |

二、打造不同格调的空间

　　空间的格调即空间内色彩搭配带给人的一种印象，通常由色彩的色调来决定。色调指的是色彩的浓淡、强弱程度，由色彩的明度和纯度构成。从色调图上可以更为直观地看出色调的类型和不同色调的区别（图21～图23）。

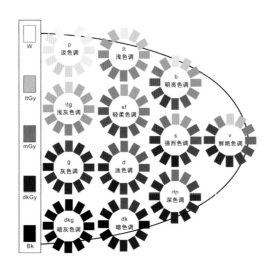

图21. 色调图

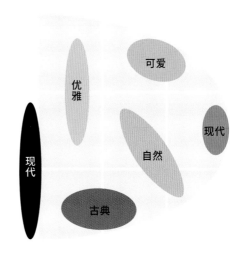

图22、图23. 色调图上色彩的感觉及格调

　　色调是影响配色效果的首要因素，色彩给人的感觉在多数情况下都是由色调来决定的。同一类色调给人的感觉是相同的，因此，只要使用相同或类似的色调，即使色相不同，也能够取得统一的配色效果。对于刚接触色彩设计的人群来说，分辨不同色调是存在一定难度的。为了能够更明确地辨别不同的色调给人的印象，可以参考下方的色调印象卡来选择合适的色调进行配色（图24）。

图 24. 色调印象卡

1. 可爱、年轻

可爱、年轻的空间格调带有浓烈的年轻女性倾向。在色相相同的情况下，色调越鲜艳，越具活力感，但可爱的感觉越少。也就是说，想要表现出具有可爱、年轻感的空间格调，适合以高明度、中至高纯度的色彩为主进行配色（图 25 ～图 27）。在具体实施时，可以大面积地使用在色相环上位置邻近的色相，且暖色相比冷色相更容易表现出可爱、年轻的空间格调（图 28 ～图 33）。

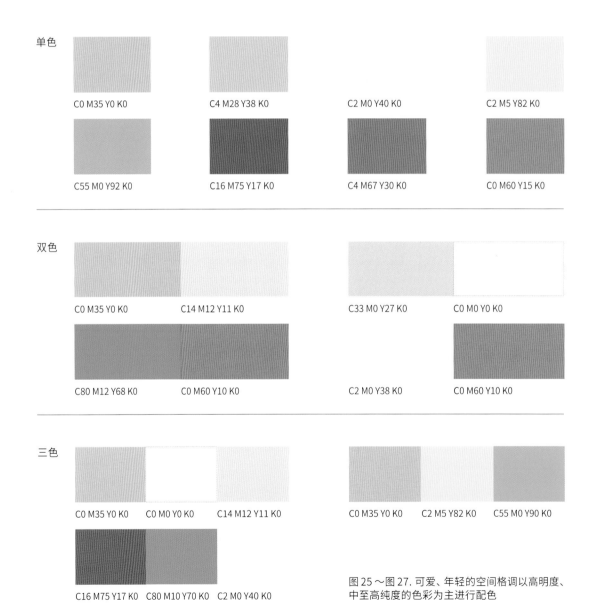

单色

C0 M35 Y0 K0 　　C4 M28 Y38 K0 　　C2 M0 Y40 K0 　　C2 M5 Y82 K0

C55 M0 Y92 K0 　　C16 M75 Y17 K0 　　C4 M67 Y30 K0 　　C0 M60 Y15 K0

双色

C0 M35 Y0 K0 　C14 M12 Y11 K0 　　C33 M0 Y27 K0 　C0 M0 Y0 K0

C80 M12 Y68 K0 　C0 M60 Y10 K0 　　C2 M0 Y38 K0 　C0 M60 Y10 K0

三色

C0 M35 Y0 K0 　C0 M0 Y0 K0 　C14 M12 Y11 K0 　　C0 M35 Y0 K0 　C2 M5 Y82 K0 　C55 M0 Y90 K0

C16 M75 Y17 K0 　C80 M10 Y70 K0 　C2 M0 Y40 K0

图 25 ～图 27. 可爱、年轻的空间格调以高明度、中至高纯度的色彩为主进行配色

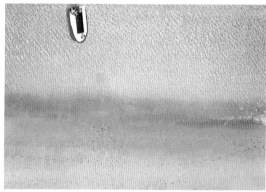

C0 M35 Y0 K0　　　　　　　C44 M0 Y0 K0　　　　　　　C60 M11 Y100 K0　　　　　　C4 M27 Y64 K0

CMYK 0 · 35 · 0 · 0

CMYK 16 · 75 · 17 · 0

CMYK 70 · 35 · 36 · 0

CMYK　70 · 35 · 36 · 0

CMYK　30 · 75 · 70 · 0

CMYK　11 · 30 · 44 · 0

	CMYK	0 · 35 · 0 · 0
	CMYK	32 · 15 · 100 · 0
	CMYK	20 · 84 · 5 · 0
	CMYK	70 · 27 · 5 · 0

图 28 ～图 33. 暖色相比冷色相更容易表现出可爱、年轻的格调

2. 优雅、精致

　　优雅、精致的空间格调主要依靠在色彩中混入高明度的灰色来表现。在色相相同的情况下，色彩中含有的灰色越多，优雅感越强。也就是说，优雅、精致的空间格调可通过高明度、低纯度的色彩来表现（图 34～图 36）。在具体实施时，可以偏冷的色彩为主，所用色相不限于冷色相，若暖色相具有偏冷的表现，也可使用。所选取的色彩之间，纯度和明度差距不易过大，可以加入适量的黑、白、灰来调节整体的层次感（图 37～图 43）。

单色

C4 M20 Y7 K0　　　C23 M2 Y19 K0　　　C22 M7 Y6 K0　　　C38 M20 Y42 K0

C24 M32 Y13 K0　　C7 M22 Y23 K0　　　C30 M30 Y8 K0　　　C5 M7 Y29 K0

双色

C4 M20 Y7 K0　　C14 M12 Y11 K0　　　C23 M2 Y19 K0　　C7 M22 Y23 K0

C38 M20 Y42 K0　C35 M18 Y20 K0　　　C2 M0 Y38 K0　　C7 M22 Y23 K0

三色

C4 M20 Y7 K0　C27 M45 Y32 K0　C14 M12 Y11 K0　　　C38 M20 Y42 K0　C2 M5 Y82 K0　C22 M7 Y6 K0

C23 M2 Y19 K0　C14 M12 Y11 K0　C30 M30 Y8 K0

图 34～图 36. 优雅、精致的空间格调主要依靠在色彩中混入高明度的灰色来表现

C5 M20 Y0 K0

C29 M22 Y20 K0

C38 M45 Y0 K0

C40 M25 Y47 K0

CMYK　18 · 25 · 10 · 0

CMYK　29 · 9 · 9 · 0

CMYK　20 · 18 · 20 · 0

CMYK　48 · 20 · 53 · 0

CMYK 4·20·7·0

CMYK 29·9·9·0

CMYK 9·20·20·0

图 37～图 43. 适量加入黑、白、灰可以调节整体的层次感

CMYK　40·26·3·0

CMYK　6·7·29·0

3. 现代、冷酷

　　现代、冷酷的空间格调可通过以无彩色系的灰色、黑色与白色为主来营造。同时，需要搭配适量的、小面积的高纯度有彩色来体现。除此之外，还可以在配色中加入一些低纯度及低明度的冷色系，来调节整体层次（图44～图46）。在具体进行配色时，无彩色的面积应达到60%以上。与此同时，有彩色的面积越小，越能够突出现代的时尚感和距离感（图47～图49）。

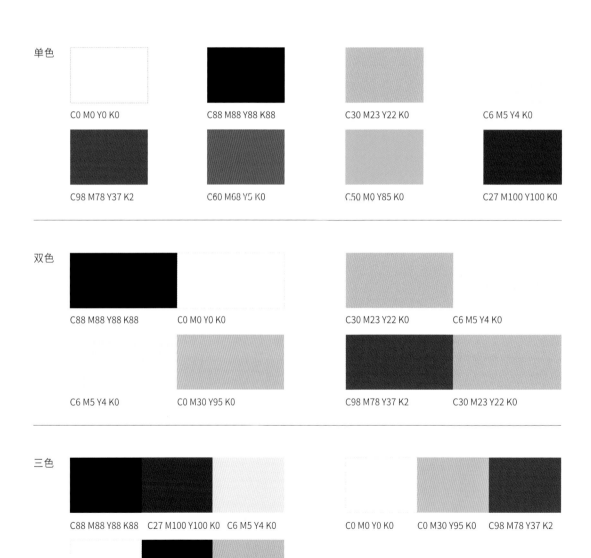

单色

C0 M0 Y0 K0　　　C88 M88 Y88 K88　　　C30 M23 Y22 K0　　　C6 M5 Y4 K0

C98 M78 Y37 K2　　　C60 M68 Y5 K0　　　C50 M0 Y85 K0　　　C27 M100 Y100 K0

双色

C88 M88 Y88 K88　　C0 M0 Y0 K0　　　C30 M23 Y22 K0　　C6 M5 Y4 K0

C6 M5 Y4 K0　　C0 M30 Y95 K0　　　C98 M78 Y37 K2　　C30 M23 Y22 K0

三色

C88 M88 Y88 K88　C27 M100 Y100 K0　C6 M5 Y4 K0　　　C0 M0 Y0 K0　　C0 M30 Y95 K0　　C98 M78 Y37 K2

C0 M0 Y0 K0　　C88 M88 Y88 K88　C30 M30 Y8 K0

图44～图46. 现代、冷酷的空间格调通过无彩色系的灰色、黑色、白色和高饱和度彩色来营造

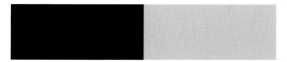

C88 M88 Y88 K88　　　　　　C30 M23 Y22 K0　　　　　　C0 M0 Y0 K0

C77 M57 Y36 K0

CMYK　24 · 18 · 17 · 0

CMYK　94 · 50 · 75 · 10

CMYK　0 · 36 · 43 · 0

图 47 ～图 49. 大面积无彩色、小面积有彩色组合，有彩色越少，越能够突出现代的时尚感和距离感

CMYK　30 · 23 · 22 · 0

CMYK　75 · 24 · 42 · 10

CMYK　20 · 66 · 100 · 0

4. 成熟、稳重

　　将相同的色相放在一起对比，可以发现越暗沉的颜色越具有稳重感。也就是说成熟、稳重的空间格调可依靠低明度及中低纯度的色彩来体现。在色相的选择上，暖色相比冷色相更能够体现出成熟、稳重的感觉（图50～图52）。在进行配色时，低明度及中低纯度的色彩需占据空间50%以上，成熟、稳重的空间格调才能体现得较为突出。为了避免沉闷感，可以加入灰、白或少量低明度、高纯度的色彩进行整体层次调节（图53～图60）。

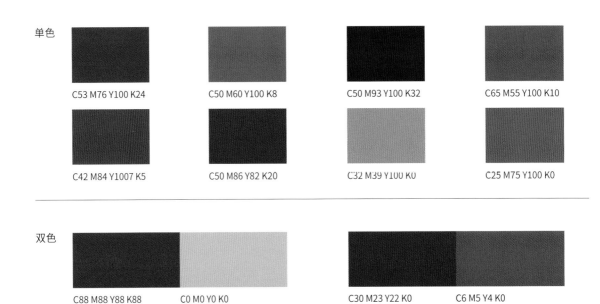

单色

C53 M76 Y100 K24　　C50 M60 Y100 K8　　C50 M93 Y100 K32　　C65 M55 Y100 K10

C42 M84 Y1007 K5　　C50 M86 Y82 K20　　C32 M39 Y100 K0　　C25 M75 Y100 K0

双色

C88 M88 Y88 K88　C0 M0 Y0 K0　　　C30 M23 Y22 K0　C6 M5 Y4 K0

C6 M5 Y4 K0　C0 M30 Y95 K0　　　C98 M78 Y37 K2　C30 M23 Y22 K0

三色

C42 M84 Y100 K7　C34 M39 Y100 K0　C14 M12 Y11 K0

C53 M76 Y100 K24　C0 M0 Y0 K0　C64 M55 Y100 K12

C85 M64 Y37 K0　C25 M75 Y100 K0　C42 M84 Y100 K7

图50～图52. 成熟、稳重的空间格调依靠低明度及中低纯度的色彩来体现

C64 M63 Y56 K7　　　C50 M100 Y100 K30　　　C49 M64 Y64 K3　　　C68 M80 Y82 K48　　　C50 M80 Y90 K20

CMYK 64 · 73 · 82 · 36

CMYK 34 · 36 · 40 · 0

● CMYK　64·84·100·55

● CMYK　47·64·89·6

图 53 ～图 60. 大面积暗色调，更能表达成熟、稳重的格调。为了避免沉闷感，可以加入灰、白等中性色

● CMYK 65·85·100·58

● CMYK 42·91·100·8

● CMYK 23·27·26·0

● CMYK 15·6·15·0

5. 田园、自然

泥土、树木、花草等的色彩能够使人联想到自然，给人温和、朴素的感觉。要营造出田园、自然的空间格调，在色相上适宜选择绿色、棕色和黄色，在色调上可选择中高明度、中低纯度（图61～图63）。在进行配色时，若要使自然感更加突出，可以绿色和棕色为中心，根据空间面积，使绿色或绿色和茶色的组合占据整体色彩比例的40%～60%。为了避免单调，可以点缀一些自然界中常见的中高纯度色彩，如红色、粉色、黄色等，也可用白色来调节（图64～图71）。

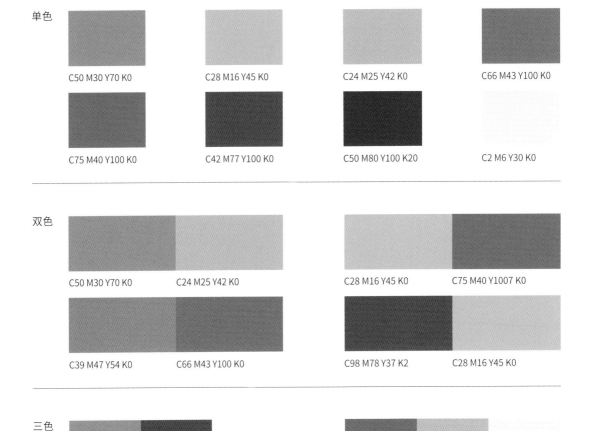

单色

C50 M30 Y70 K0　　C28 M16 Y45 K0　　C24 M25 Y42 K0　　C66 M43 Y100 K0

C75 M40 Y100 K0　　C42 M77 Y100 K0　　C50 M80 Y100 K20　　C2 M6 Y30 K0

双色

C50 M30 Y70 K0　　C24 M25 Y42 K0　　　　C28 M16 Y45 K0　　C75 M40 Y1007 K0

C39 M47 Y54 K0　　C66 M43 Y100 K0　　　　C98 M78 Y37 K2　　C28 M16 Y45 K0

三色

C50 M30 Y70 K0　C42 M77 Y100 K0　C0 M0 Y0 K0　　　　C75 M40 Y1007 K0　C24 M25 Y42 K0　C2 M6 Y30 K0

C13 M56 Y3 K0　C66 M44 Y100 K0　C35 M39 Y4 K0

图61～图63. 营造田园、自然的空间格调，在色相上选择绿色、棕色和黄色，在色调上选择中高明度、中低纯度

C7 M44 Y100 K0　　　C85 M50 Y100 K0　　　C64 M40 Y88 K0　　　C10 M0 Y64 K0　　　C35 M90 Y80 K0

CMYK　53·56·70·0

CMYK　65·44·78·0

CMYK　32·89·70·0

CMYK　10·27·58·0

图 64 ～图 71. 以绿色和棕色为主，点缀一些自然界中常见的中高纯度的红色、粉色、黄色，更好表达田园、自然的空间格调，自然感更加突出

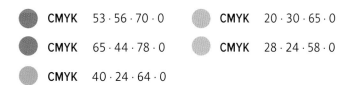

CMYK　53·56·70·0　　　CMYK　20·30·65·0

CMYK　65·44·78·0　　　CMYK　28·24·58·0

CMYK　40·24·64·0

6. 异域、异国

　　异域、异国的空间格调整体来看具有自然风格的特点，其与田园、自然的空间格调的区别是，使用的一些色彩较为浓郁、华丽，且色相的选择范围更广泛一些。表现此种空间格调，适合选择中低明度、中高纯度的色彩（图 72～图 74）。异域、异国情调具有野性、强势、鲜明的特点，因此在具体配色时，可以选择色相环上的所有色彩。在合适的色调范围内，色相的数量越多，异域情调越浓郁。但需要注意主次的区分，主要色彩（2 种左右）应占据绝对的面积优势，其他色彩适量使用即可（图 75～图 83）。

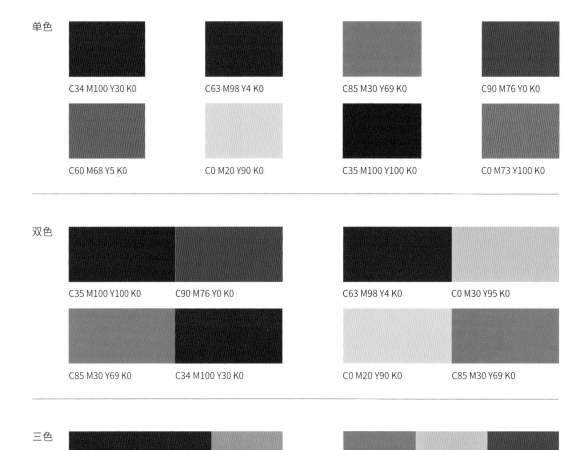

单色

C34 M100 Y30 K0

C63 M98 Y4 K0

C85 M30 Y69 K0

C90 M76 Y0 K0

C60 M68 Y5 K0

C0 M20 Y90 K0

C35 M100 Y100 K0

C0 M73 Y100 K0

双色

C35 M100 Y100 K0　　C90 M76 Y0 K0

C63 M98 Y4 K0　　C0 M30 Y95 K0

C85 M30 Y69 K0　　C34 M100 Y30 K0

C0 M20 Y90 K0　　C85 M30 Y69 K0

三色

C34 M100 Y30 K0　C63 M98 Y4 K0　C6 M58 Y5 K0

C85 M30 Y69 K0　　C0 M30 Y95 K0　　C90 M76 Y0 K0

C63 M98 Y4 K0　　C24 M25 Y42 K0　　C0 M20 Y90 K0

图 72～图 74. 异域、异国的空间格调主要依靠浓郁、华丽的色彩来表现

● CMYK 88·42·9·0　　● CMYK 0·30·95·0

● CMYK 22·100·100·0　　● CMYK 56·98·90·50

● CMYK 70·0·55·0

● **CMYK** 40 · 100 · 100 · 15

● **CMYK** 8 · 28 · 95 · 0

● **CMYK** 80 · 38 · 16 · 0

　 CMYK 8 · 10 · 5 · 0

CMYK　8 · 46 · 36 · 0

CMYK　50 · 20 · 65 · 0

CMYK　80 · 38 · 16 · 0

CMYK　16 · 60 · 72 · 0

● CMYK 80·48·100·10   ● CMYK 0·30·95·0
● CMYK 27·84·30·0   ● CMYK 63·98·4·0
● CMYK 42·100·100·10

图 75 ～图 83. 色相差大、中低明度、中高纯度的图案较突出异域、异国的空间格调

练习

· 色相练习：在家里或办公室找出色相环上色彩对应的物品，按色相环的顺序摆成一个圈并拍照。

· 明度练习：在家里或办公室找出同一色相、不同明度的物品，摆好并拍照。

· 纯度练习：在家里或办公室找出不同色相、相同明度、相同纯度的物品，摆好并拍照。

第三章

COMPOSING ELEMENTS

室内空间的构成要素

一、色彩的空间感受

1. 色彩的轻重感

（1）色彩的轻与重

色彩自身是没有重量的，色彩的轻与重源自人的感知。从生理角度来讲，人眼是没有办法来感知和衡量重量的。但人们在生活中，接触到不同物体，其重量会留下记忆，进而在脑海中将其色彩、质感等与重量相关联，产生了对色彩轻与重的感知（图1、图2）。

通过色彩的对比可以发现，决定色彩轻重感的要素是明度，明度低的色彩显得重一些，而明度高的色彩则显得轻盈一些。其次是纯度，在相同明度、相同色相的情况下，纯度高的色彩感觉轻，纯度低的色彩感觉重。在一个空间中，不同色彩的界面和陈设给人的轻重感是不同的，并借此来增强空间感（图3～图6）。

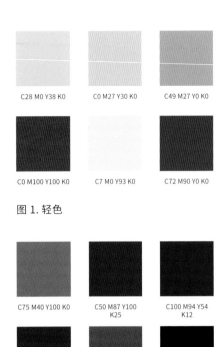

图 1. 轻色

图 2. 重色

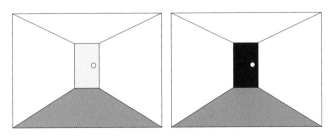

图 3. 同色相的两种色彩，明度高的感觉轻，明度低的感觉重

图 4. 不同色相的两种色彩，仍然是明度高的感觉轻，明度低的感觉重

图5. 左右两张图片上的椅子相比，左侧高明度的黄色椅子让人感觉较轻，
右侧低明度的黑色椅子让人感觉较重

图6. 这个空间整体所使用的色彩均倾向于高明度，相对轻盈，而大件沙发则使用中低明度，
较具有重量感。因此，整体配色形成了丰富的层次，进而产生了更立体化的空间感

CMYK	8·9·15·0	CMYK	84·64·0·17
CMYK	20·23·40·0	CMYK	54·80·100·30

（2）色彩轻重的作用

色彩的轻重具有改变室内整体感觉的作用。明度低的色彩具有更大的重量感，所以它在室内分布的位置决定了空间整体的重心。当重色位于空间上方时，视觉上有一种下坠的感觉，所以可以产生强烈的动感。当3个界面的色彩由高明度到低明度形成渐变，重色位于空间最下方时，则能够给人稳定、平静的感觉（图7、图8）。

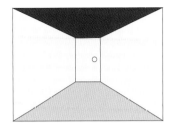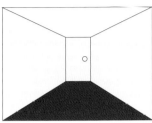

图 7. 左图的顶面为重色，重心高，动感强烈；右图地面为重色，重心低，具有强烈的稳定感

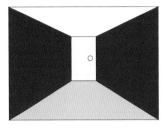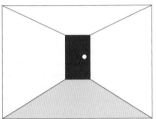

图 8. 当居于中间位置的门的色彩明度低于顶面和地面时，具有下坠的力量，也会具有很强的动感

在进行室内设计时，利用色彩的轻重即可达到调节氛围和调节建筑本身缺陷的目的。例如，让人感觉略为沉闷的古典风格空间，墙面选择重色，顶面和地面选择轻色，就可以在内敛的基调中增添一些动感。在有些空间中，地面使用轻色容易让人感觉过于轻飘，此时搭配一些重色的家具，就可以让空间整体变得稳定起来（图9）。

图 9. 在此空间中，顶面、墙面、地面的明度逐渐变低，具有空间感，但地面与其他两个界面的差距较小，房间本身又比较低矮，选择几件明度相对地面更低的沙发，不仅让空间变得更具稳定感，还调整了房间的视觉高度

CMYK　15 · 29 · 24 · 0

CMYK　5 · 5 · 93 · 0

CMYK　2 · 82 · 2 · 0

CMYK　56 · 77 · 100 · 31

图 10. 顶面和墙面均为轻色，重色集中在地面区域，与顶面形成了较强的明度差，拉伸了视觉上的高度

　　对一些层高较低矮的房间，可以将轻色放在上方，地面选择与之明度差距较大的重色，就可以通过轻色的上升感和重色的下坠感，在视觉上将房间的高度进行拉伸（图 10）；反之，过高的空间容易让人感觉空旷，在顶面运用重色，地面运用轻色，就可以在视觉上缩短房间的高度，使空间变得丰满一些（图 11）。

CMYK　67 · 85 · 89 · 58

CMYK　55 · 73 · 100 · 24

CMYK　75 · 53 · 42 · 0

图 11. 顶面和墙面的色彩与地面比较来说，明度更低，重心在上，具有下坠感，降低了视觉上的高度

2. 色彩的软硬感

（1）色彩的软与硬

　　色彩还可以通过视觉让人产生软与硬的感受，这主要取决于彩色之中是加入了白色、明亮的灰色，还是黑色，前两种色彩会让人感觉柔软，而加入了黑色，则会让人感觉坚硬。也可以简单地理解为轻色软，重色硬。在所有的色彩中，白色最软，黑色最硬（图12、图13）。在相同色相的前提下，明度高的色彩软，明度低的色彩硬。在相同明度、纯度的前提下，暖色软，冷色硬（图14～图17）。

　　色彩的软与硬，同轻与重一样，都具有相对性，会随着环境的改变而发生变化。例如一扇浅棕色的门，若周围为米黄色的墙面，就会显得硬一些；若周围为深蓝色的墙面，就会显得软一些（图18）。一种颜色在一个场景中是软色，而到了另外一个场景中，就可能变成了硬色，其软硬感并非绝对的（图19）。

　　在具体设计中，若想要强化某一种材料的柔软感或坚硬感，即可将色彩的软硬运用起来。例如，想要让一个空间中的皮革沙发和茶几的质感对比更强烈，就可以选择软色的皮革沙发和硬色的茶几（图20）。

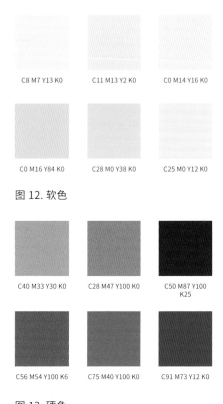

C8 M7 Y13 K0　　C11 M13 Y2 K0　　C0 M14 Y16 K0

C0 M16 Y84 K0　　C28 M0 Y38 K0　　C25 M0 Y12 K0

图 12. 软色

C40 M33 Y30 K0　　C28 M47 Y100 K0　　C50 M87 Y100 K25

C56 M54 Y100 K6　　C75 M40 Y100 K0　　C91 M73 Y12 K0

图 13. 硬色

C10 M0 Y15 K0　　　　C28 M47 Y100 K0

图 14. 高明度绿色软，低明度绿色硬

C0 M100 Y100 K0　　　　C96 M65 Y0 K0

图 15. 在相同明度、纯度下，暖色软，冷色硬

图 16. 高明度橙色为软色

图 17. 低明度绿色为硬色

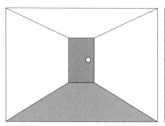 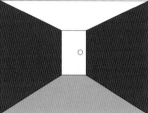

图 18. 浅棕色的门在左图中为硬色，而在右图中则变成了软色

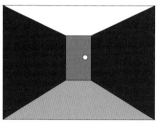 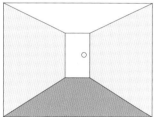

图 19. 蓝色的门在左图中为软色，在右图中则变成了硬色

图 20. 皮革沙发搭配了软色，玻璃和金属组合的茶几搭配了硬色，使两部分的软硬对比更强烈

（2）色彩软硬的作用

了解色彩的软硬，有利于在室内设计中丰富整体空间的层次感。在室内设计中，色彩不可能是凭空存在的，需要以材料为载体来呈现，而这些不同材料本身的质感和色彩往往能够形成丰富的层次变化。在设计时，注重调动这种对比效果，能够使整个空间更具动感（图21、图22）。

○ CMYK　27 · 21 · 19 · 0
● CMYK　24 · 54 · 59 · 0
● CMYK　84 · 39 · 58 · 0
● CMYK　45 · 95 · 100 · 20

图21. 不同色彩带来的软硬感及材料本身的不同质感反复穿插，使空间整体显得丰富而生动

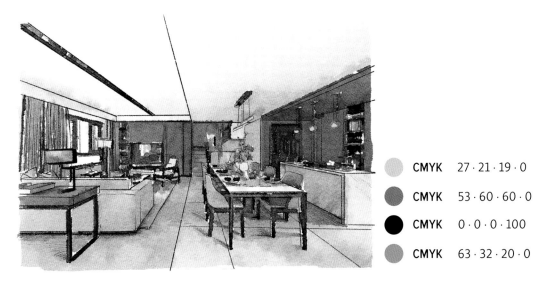

○ CMYK　27 · 21 · 19 · 0
● CMYK　53 · 60 · 60 · 0
● CMYK　0 · 0 · 0 · 100
● CMYK　63 · 32 · 20 · 0

图22. 高明度灰色在空间中属于软色，与硬色形成了强烈的对比，塑造了整体感，同时，软色中又包含了多种材质，进一步丰富了整体层次，这种设计手法使得整体具有浓郁的素雅感，却并不显得单调

3. 色彩的大小感

（1）色彩的大与小

　　色彩在视觉上还存在着大与小的错觉感。例如宽度相同的黑白条纹，人们总会认为白条纹比黑条纹宽一些，同样大小的黑白格子，白色格子看上去要比黑色格子略大一些（图23、图24）。白色是高明度的色彩，而黑色是低明度的色彩，对比之下可以发现，明度高的色彩看起来要比明度低的色彩大一些（图25、图26）。除了色彩的明度之外，色彩的大小还受纯度和色相的影响，高纯度、暖色相与低纯度、冷色相相比，前者会显得大一些，后者会显得小一些（图27、图28）。

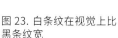

图23. 白条纹在视觉上比黑条纹宽

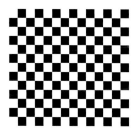

图24. 相同大小的白色格子在视觉上比黑色格子大

图25. 大色

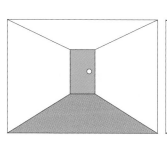

图27. 左图中的门为高纯度色彩，右图中的门为低纯度色彩，左图看起来比右图大一些

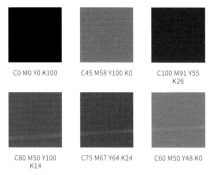

图26. 小色

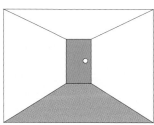
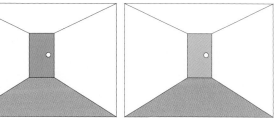

图28. 左图中的门为暖色相，右图中的门为冷色相，左图看起来比右图大一些

（2）色彩大小的作用

在室内设计中，如果希望物体比本身的尺寸显得大一些，可使用具有显大效果的色彩进行设计。反之，如果希望物体比本身的尺寸要显得小一些，可使用具有显小效果的色彩进行设计。例如，很多人会选择用白色或浅色来涂刷墙面，这是利用了高明度色彩的放大作用，让房间显得更为宽敞一些（图29）；如果使用深色涂刷墙面，则空间会显得比本来要小一些（图30）。

CMYK　0·0·0·0

CMYK　47·47·48·0

图29. 白色的墙面会让比较窄小的空间看起来更为宽敞、明亮

CMYK　0·0·0·0

CMYK　70·64·56·9

图30. 深灰色的墙面使原本宽敞的房间显得更紧凑

　　在选择室内陈设时，也需要注意色彩大小的作用。例如，如果空间较为空旷，可以为陈设选择具有放大作用的色彩，如高明度、高纯度或暖色相的家具；如果感觉空间较为局促，可以选择具有缩小作用的色彩，来增加视觉上空间面积的余量，使整体看上去宽敞一些，如低明度、低纯度或冷色系的家具（图31）。而对于比较宽敞的空间来说，家具组合可以根据体积同时使用两类颜色，来丰富层次感并平衡视觉感（图32）。

CMYK　0·0·0·0

CMYK　16·0·5·0

CMYK　100·100·50·12

图31. 比较局促的空间中，墙面使用了高明度的冷色相和白色组合，搭配低纯度、冷色系的沙发，使其看起来更宽敞

CMYK　98·67·0·0

CMYK　48·100·100·30

图32. 主沙发的体积较大使用了收缩色，可以让空间显得更为宽敞一些，同时还搭配了膨胀色的小体积休闲椅，不仅层次更丰富，而且在色彩视觉上更具平衡感

二、色彩的心理感受

1. 色彩的冷暖

（1）色彩冷暖是一种心理作用

　　色彩本身并无冷暖的温度差别，人们之所以会感觉色彩有温度，是因为视觉在接收到色彩的刺激后结合长久的生活经验及对环境事物的想象而引发了心理联想。色彩的冷暖与光波的物理性质、人的生理反应和心理联想等因素均有关系（图33、图34）。

（2）暖色与冷色的特点

　　色彩可以分为冷暖两种属性。冷色能够让人们联想到冰雪、海洋等场景，且容易产生寒冷的感觉，如蓝色和青色（图35）。暖色是指能够让人们联想到太阳、火焰等物象，并产生温暖、热烈等感觉的色彩，如红色、黄色、橙色等（图36）。

图 35. 冷色使人感觉清凉

⬤ CMYK　28 · 0 · 15 · 0

图 36. 暖色使人具有温暖感

⬤ CMYK　22 · 100 · 100 · 0

⬤ CMYK　8 · 15 · 82 · 0

图 33、图 34. 人们对色彩的冷暖感觉，始于生活中的亲身经历，如冰川寒冷、太阳火热等

　　若从色相环来观察和对比，两种感觉会更加分明一些。极暖色为红色，距离红色越近，色彩的暖感越强烈；极冷色为蓝色，距离蓝色越近，色彩的冷感越强（图37、图38）。但色彩的冷暖并不是绝对的，而是相对的。比如，如果在绿色中调入了一点黄色，它就会比原来的色彩显得更温暖一些（图39）。

　　可见，色彩的冷暖并不是一成不变的。在某些特定的情况下，冷色可以是暖色，暖色也会变成冷色。在同一色相中，有偏暖色，也有偏冷色，即使同为暖色，也可以具有不同的冷暖偏向。在进行配色时，可以利用这一点来塑造微妙的层次感（图40）。

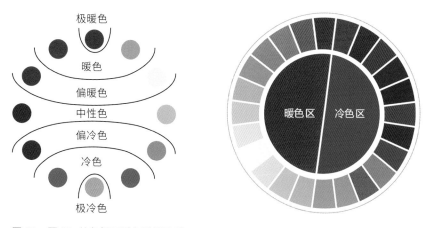

图 37、图 38. 从色相环看色彩的冷暖

C82 M0 Y95 K0　　　　　　　　C7 M0 Y93 K0　　　　　　　　C35 M73 Y83 K0

图 39. 绿色加黄色，变成黄绿色，与原本的绿色相比，显得更为温暖

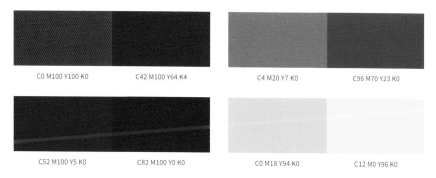

C0 M100 Y100 K0　　　　C42 M100 Y64 K4　　　　C4 M20 Y7 K0　　　　C96 M70 Y23 K0

C52 M100 Y5 K0　　　　C82 M100 Y0 K0　　　　C0 M18 Y94 K0　　　　C12 M0 Y96 K0

图 40. 不同冷暖色对比

（3）冷色与暖色在室内空间的应用

    冷暖色彩在色相环上呈现互补关系。将冷暖色彩搭配在一起，通过强烈的对比，会形成极强的视觉冲击（图 41～图 43）。处理好色彩的对比在室内设计中格外重要。在感官上，暖色给人的感觉会亲近一些，冷色给人感觉疏远一些，而适当的冷暖对比就会营造出很好的空间感和层次感（图 44、图 45）。

图 41. 偏暖的粉色与偏冷的蓝色相组合，形成了较强的视觉冲击

● CMYK　93·64·0·0

○ CMYK　3·16·6·0

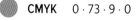

⬤　CMYK　14 · 72 · 100 · 0

◯　CMYK　50 · 0 · 25 · 0

图 42. 橙色与蓝色既有冷暖对比，又为互补色，虽然橙色的面积非常小，但纯度高，与冷色对比制造出了很强的视觉冲击力

⬤　CMYK　0 · 73 · 9 · 0

◯　CMYK　5 · 5 · 82 · 0

◯　CMYK　50 · 0 · 25 · 0

图 43. 此图中黄色与蓝色相比是暖色，粉色与黄色相比是冷色，而粉色与蓝色相比又是暖色，因此整体配色张力极强

图 44. 在小面积空间中，以冷色为主可让空间看起来更宽敞，适当加入暖色，会丰富层次感，并凸显空间感

CMYK　50 · 20 · 0 · 0

CMYK　30 · 70 · 90 · 0

图 45. 若在一个空间中仅使用冷色，虽然会显得宽敞且清雅，但是会让人感觉略为平淡，缺乏层次感和空间感

CMYK　70 · 33 · 37 · 0

CMYK　66 · 58 · 53 · 3

2. 色彩的前进感与后退感

（1）前进色和后退色的特点

　　色彩对人产生的心理作用还包括前进感和后退感。当人们在观察一些色彩时，可以发现有些色彩看起来向前凸出，具有前进感，这些色彩即为前进色（图 46）；有的色彩看起来向后凹陷，具有后退感，这些色彩就是后退色（图 47）。低明度、高纯度、暖色相具有前进感；而高明度、低纯度、冷色相具有后退感（图 48～图 52）。

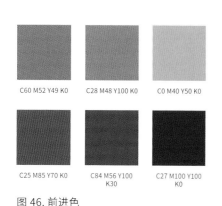

图 46. 前进色

图 47. 后退色

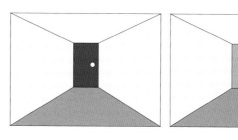

图 48. 同色相不同明度的色彩相比，明度低的具有前进感，明度高的具有后退感

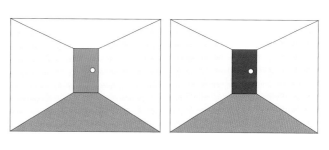

图 49. 高纯度的色彩与低纯度的色彩相比，高纯度的色彩具有前进感，低纯度的色彩具有后退感

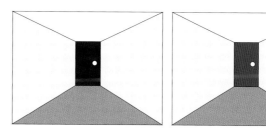

图 50. 同明度和纯度的冷暖色相比，暖色具有前进感，冷色具有后退感

图 51. 墙面所使用的蓝色为高明度、冷色相，具有后退感

CMYK　25·9·8·0

CMYK　22·20·25·0

图 52. 虽然墙面使用了冷色相，但其为高纯度、中明度，所以具有前进感

CMYK　86·46·0·0

CMYK　8·30·40·0

　　色彩的前进感与后退感并不是绝对的。例如橙色，它是暖色，属于前进色，但如果降低它的纯度并提高明度，就会变成带有灰度的色彩。蓝色是冷色，属于后退色，但如果降低明度并提高纯度，将其与调和后的橙色对比，蓝色反而会成为前进色（图 53、图 54）。因此，作为一名设计师，在平时应不断地训练自我的色彩感觉，细致地观察、对比，才能够更好地使用色彩。

CMYK 　24·33·46·0

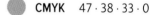
CMYK 　47·38·33·0

图 53. 暖色具有后退感

　●　**CMYK** 　87·59·0·0

　●　**CMYK** 　47·38·33·0

图 54. 蓝色具有前进感

（2）前进色和后退色的作用

前进色可以增强亲切感，适合空旷的房间，如涂刷主题墙或用在大件家具上，能够让整体空间更为饱满（图55）；反之，后退色能够减轻局促感和压抑感，很适合用在小面积房间中，在视觉上让空间显得更宽敞一些（图56）。

图55. 餐桌所使用的高纯度红色为前进色，具有凸出感，使房间显得更为饱满

图56. 墙面所使用的高明度蓝色为后退色，具有凹陷感，让房间显得更为宽敞

● CMYK 0·82·62·0

○ CMYK 23·7·8·0

　　在日本的传统插花艺术中，前面摆红色或橙色的花，后面摆蓝色的花，可以构造出具有纵深感的立体画面,化妆时巧妙利用前进色和后退色可以让面部更立体。同样, 在进行室内空间设计时，在同一空间的不同位置，可以根据情况同时运用前进色和后退色，更有利于空间立体感的塑造。例如，想要显得凸出一些的部分使用前进色，而显得内敛一些的部分使用后退色（图57～图59）。

图 57. 空间面积较大，墙面采用前进色能够很好地减少空旷感，部分沙发选择了后退色，加强了整体配色的立体感

● CMYK　5·15·44·0

● CMYK　59·11·29·0

图 58. 在形状不规则的空间中，墙面使用后退色能够彰显宽敞感，以前进色为主的家具在对比之下主体地位更突出，整体层次更丰富

CMYK　37·15·17·0

CMYK　100·76·63·36

图 59. 墙面使用了后退色，主沙发则使用了前进色，在对比之下，让人感觉两者之间还有很宽敞的空间，让空间整体更有纵深感

CMYK　0·0·0·0

CMYK　45·100·100·15

CMYK　65·63·67·15

可以利用前进色和后退色来调整因建筑结构而带来的空间缺陷。例如，在狭长空间尽头的墙面使用前进色，两侧墙面使用后退色，可以适当减弱空间的狭长感（图60、图61）。对于长度较短的空间，可以在横向墙面部分使用后退色，而两侧墙面使用前进色（图62）。

图 60. 与空间中其他的色彩比较，过道尽头的青色为前进色，具有凸出感，弱化了空间整体的狭长感

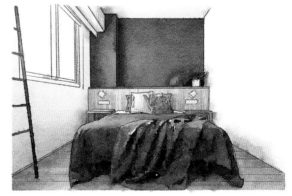

图 61. 墙面虽然使用了偏冷的色彩，但明度低，与白色比具有前进感，弱化了空间本身过于狭长的感觉

● CMYK　60 · 20 · 33 · 0

● CMYK　68 · 54 · 63 · 5

图 62. 空间整体呈现长条形，尽头的墙面选择中纯度的蓝色，与室内其他色彩相比具有前进感，可以起到调整空间比例的作用

○ **CMYK** 0 · 0 · 0 · 0

● **CMYK** 30 · 0 · 13 · 0

● **CMYK** 62 · 55 · 56 · 0

3. 色彩的膨胀与收缩

（1）膨胀色和收缩色的特点

　　色彩的膨胀与收缩同样属于色彩对人的一种心理作用。将不同色彩但相同尺寸的物体摆放在一起，通过对比可以发现，它们会因为所使用的色彩不同而呈现出不同的大小，有的看起来比实际尺寸小，而有的则看起来比实际尺寸大（图63）。

　　在所有色彩中，看起来具有膨胀感的色彩即为膨胀色，在视觉感受上，它们可以放大物体的尺寸（图64）；看起来具有收缩感的颜色为收缩色，它们可以缩小物体的尺寸（图65）。

图 63. 从图上可以看出，两个暖色且高明度的抱枕比两个冷色且低明度的抱枕看起来要大一些

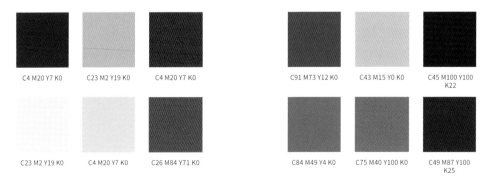

| C4 M20 Y7 K0 | C23 M2 Y19 K0 | C4 M20 Y7 K0 | | C91 M73 Y12 K0 | C43 M15 Y0 K0 | C45 M100 Y100 K22 |
| C23 M2 Y19 K0 | C4 M20 Y7 K0 | C26 M84 Y71 K0 | | C84 M49 Y4 K0 | C75 M40 Y100 K0 | C49 M87 Y100 K25 |

图 64. 膨胀色　　　　　　　　　　　　　　　　　图 65. 收缩色

通过以上实例可以看出，高明度、高纯度、暖色相具有膨胀感；而低明度、低纯度、冷色相具有收缩感（图66～图70）。

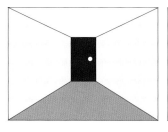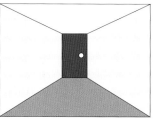

图 66. 冷暖色相比，暖色更具膨胀感，而冷色更具收缩感

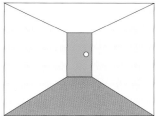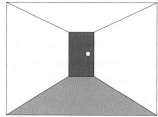

图 67. 高纯度与低纯度相比，高纯度更具膨胀感，低纯度更具收缩感

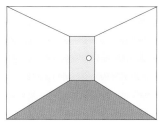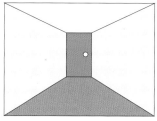

图 68. 高明度与低明度相比，高明度更具膨胀感，低明度更具收缩感

图 69. 冰箱为高纯度、暖色系的红色，具有很强的膨胀感

图 70. 座椅为低纯度、低明度的蓝绿色，具有强烈的收缩感

（2）膨胀色和收缩色的作用

膨胀色与收缩色和前进色与后退色的作用非常相似。膨胀色适合用在较为宽敞的空间中，当空间显得略为空旷时，使用膨胀色的家具或陈设，可以使空间更具充实感（图71）；收缩色适合用在较为窄小的空间中，使用收缩色的家具或陈设，可以让空间显得更为宽敞一些（图72）。

CMYK　0·0·0·0

CMYK　16·0·5·0

CMYK　100·100·50·12

图71. 虽然客厅不是特别宽敞，但因为仅采用软装饰进行布置，显得略有一些空旷，选择膨胀色的沙发有效地减弱了空旷感

CMYK　14·15·16·0

CMYK　58·59·67·5

CMYK　86·47·55·0

图72. 客厅布置的家具数量较多，主沙发使用收缩色，可以缩小其本身的体积感，能够让空间显得更为宽敞一些

三、关于墙纸与面料

1. 纹样决定风格

一种室内风格的形成受到各种文化因素及地域因素的影响。不同的室内风格，其代表性元素是存在一定差异性的。这些元素包括造型、材质、色彩、纹样等。 其中，纹样与色彩的作用较为相似，除了可以改变空间的大小感觉外，还能够使风格的特征更为显著。

（1）中式纹样与中式风格

中式纹样是经过中国历史沉积而被固定下来的一类纹样，是中国文化的一种代表（图73）。其造型精致，大部分具有独特的寓意。在室内设计中，常见的中式纹样可分为四大类：一是神兽神鸟纹样，包括龙、凤、麒麟等（图74）；二是植物纹样，包括梅、兰、竹、菊、吉祥草、灵芝、牡丹、荷花等（图75）；三是抽象纹样，包括博古纹、祥云纹、回纹、万字文等（图76）；四是山水纹样（图77）。

图 73. 中式风格家居

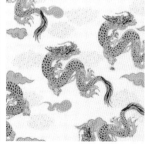

图 74. 神兽神鸟纹样

  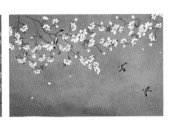

图 75. 植物纹样

图 76. 抽象纹样

图 77. 山水纹样

（2）法式风格

①朱伊纹样

法国最经典的纹样即为朱伊纹样，其层次分明、造型逼真、形象繁多、刻画精细，并以正向图形表现，是具绘画情节的纹样之一（图78）。色调以单色为特点，如深蓝、深红、深绿、深米，分别印在本色、底色上，形成图案。除此之外，具有代表性的法式纹样还有卷曲的植物纹样、公鸡孔雀等动物纹样，以及具有中式特点的花鸟纹样等（图79）。

图 78. 法式风格家居

图 79. 朱伊纹样

②法式中国风

当时的欧洲随着东方贸易的进一步发展，接触中国的绘画、装饰品以及其他日用品的机会越来越多，丝绸纹样开始大量使用中国题材。只是在我们中国人眼中，这并不是真正的中国风，但这样的艺术形式也有一种新鲜的感觉（图80）。法式中国风常用的题材有中式花卉禽鸟、中国古典人物、中国古典建筑。在这些法式中国风的题材里，常见的纹样是花鸟、亭台楼榭、塔、轿子、拱桥等（图81）。

图 80. 法式中国风家居

图 81. 法式中国风纹样

（3）欧式风格

①巴洛克、洛可可

欧式风格具有代表性的纹样莫过于巴洛克和洛可可（图 82、图 83）。巴洛克纹样发源于 17 世纪教皇统治的罗马，其主要特点是贝壳形和海豚尾巴形曲线的应用。后期，也会采用莲、棕榈树叶、莨苕叶等样式的纹样（图 84）。洛可可纹样发端于路易十四时代晚期，风格纤巧、精美、浮华、烦琐，多用 C 形、S 形和涡卷形的曲线，代表性元素为花卉（图 85）。

图 82. 巴洛克风格家居　　　　　　　　　　图 83. 洛可可风格家居

图 84. 巴洛克纹样

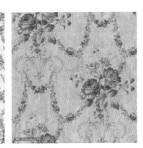

图 85. 洛可可纹样

②热带雨林纹样

　　热带雨林给大自然带来不同的奇妙而唯美的变化。在充满幻想而富有神秘感的热带雨林中，满地尽是奇花异木，有色彩浓郁的天堂鸟、芭蕉树、椰子树等热带植物。它们带着郁郁葱葱的异域风情席卷了整个时尚圈，使人有置身于亚马孙热带雨林的感觉（图86、图87）。

图 86. 热带雨林风格家居空间

图 87. 热带雨林纹样

（4）日本友禅纹样与日式风格

　　日本友禅纹样指应用于日本和服上的一种纹样，具有浓郁的日式特征，色彩较为艳丽且造型繁复，在室内设计中多选取部分典型元素使用（图88）。总的来说，用于日式空间中的纹样可分为4类：一是植物纹样，色彩艳丽，造型秀气灵动，在日式风格的纹样里，植物占据了很重要的一个部分（图89）；二是动物纹样，如鲤鱼和仙鹤，与其一起出现作为装饰图案的多为松树、禽鸟、蝴蝶、蜻蜓、菊花、梅花、如意纹、水波纹等（图90）；三是浮世绘

88. 日式风格家居

纹样，是较为经典的一种日式纹样（图91）。四是日式抽象纹样，更符合当下年轻人的审美（图92）。

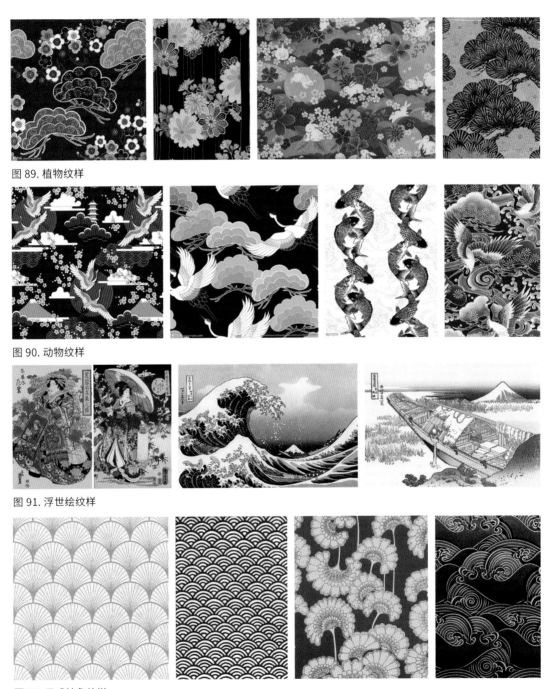

图 89. 植物纹样

图 90. 动物纹样

图 91. 浮世绘纹样

图 92. 日式抽象纹样

（5）莫里斯纹样与英式田园风格

莫里斯纹样出自威廉·莫里斯之手，拥有上百年历史，被广泛运用在家居、服饰、绘画、设计等领域，引领了整个世纪的时尚潮流（图93）。图案以花朵、树叶、果实为主，穿插鸟、鹿、狐狸等动物。不同种类的植物混搭在一起，藤蔓缠绕，枝叶卷曲，花朵高低错落，色彩和谐，是英式田园风格的代表性纹样（图94）。

图 93. 英式田园风格家居

图 94. 莫里斯纹样

（6）伊斯兰纹样与伊斯兰风格

伊斯兰装饰艺术广泛吸收了东西方文化并以伊斯兰教为源泉，在世界装饰艺术中独树一帜（图95）。由于受到伊斯兰文化中的宗教因素影响，纹样基本上以植物、几何、文字为主。植物纹样主要包括蔷薇、风信子、郁金香、菖蒲等，植物的花、叶、藤蔓相互交叉、相互组合，给人一种丰富的韵律感和节奏感（图96）；几何纹样由三角形、圆形、方形以及菱形等基本的形状构成，经过一些变化手法构成了各种各样的图形（图97）；文字纹样主要为阿拉伯书法艺术（图98）。

图 95. 伊斯兰风格家居

图 96. 植物纹样

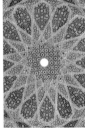

图 97. 几何纹样   图 98. 文字纹样

2. 纹样的搭配比例

（1）墙纸纹样的类型

在室内空间中，墙纸的纹样对空间整体的影响比较突出。墙纸纹样从整体来看可分为暗纹和显纹两大类，暗纹并非没有任何纹样的素色，而是印有肌理或隐约纹理，与显纹的墙纸相比，纹样相对弱化（图99）。在选择此类墙纸时，色彩和质感就成了挑选的重点（图100、101）。

图 99. 暗纹墙纸图例

图 100、图 101. 暗纹墙纸对室内空间的影响主要体现在色彩方面

　　墙纸与其他墙面材料相比，其较为突出的特点就是花纹的多样性。也正是因为如此，纹样的挑选对于设计师来说是一个永恒的话题。不同的纹样不仅会影响风格，还会对室内整体效果产生不一样的影响（图 102、图 103）。

图 102、103. 显纹墙纸会对室内整体装饰效果产生较强的影响

（2）纹样对整体效果的影响

虽然显纹墙纸是千变万化的，但还是有规律可循的。根据其花型的特点大致可分为大花型、小花型和条纹 3 类。大花型纹样可以降低拘束感，但同时也具有前进感；有规律的小花型可以彰显秩序感，也能使墙面显得更加开阔（图 104 ~图 106）；较宽的条纹图案具有扩张感，而较窄的条纹图案具有收缩感；竖条纹图案可拉长界面，横条纹图案可拉宽界面（图 107、图 108）。

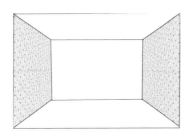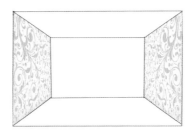

图 104. 同样的空间，使用小花型的墙纸比使用大花型的墙纸会显得更为宽敞一些

图 105、图 106. 当房间略显空旷时，可以使用大花型纹样的墙纸来调节；同理，小花型更适合小面积空间

图 107、图 108. 竖条纹的墙纸可以让房间看起来更高一些，横条纹的墙纸则可以拉伸房间墙面的宽度

（3）纹样的搭配比例

在挑选纹样时，除了注意纹样对空间整体效果的影响外，还需注意比例问题。如果纹样在空间中比例过大，虽然墙面的装饰性足够突出，但容易让空间变得压抑和拥挤（图 109）；如果纹样的比例过小，虽然空间能够保持足够的宽敞感，但如果间隔一定距离，就难以识别纹样的具体样式，变成了一种肌理，从而失去了设计的意义。

另外，从纹样的内容上来看，具象的纹样比抽象的纹样更容易引人注意，也就更容易显得拥挤，所以若采用此类纹样的墙纸装饰墙面，一定要选择留白足够的款式，否则容易压缩空间的视觉面积（图 110）。

图 109. 卧室的墙纸比例较大，表现力突出，但同时也会压缩空间的视觉面积，容易显得拥挤

图 110. 虽然餐厅的墙纸图案尺寸比较大，但做了足够的留白处理，既具有十足的表现力，又不会让空间显得拥挤

3. 纹样的色彩对比

（1）纹样的色彩

　　墙纸纹样包含着质感、造型、色彩等方面的因素，而色彩依然是其中最醒目的视觉元素。设计师个人喜好、墙纸的风格定位等因素决定了墙纸的色彩必然是千变万化的。而显纹墙纸通常不会只使用一种色彩进行设计，这些色彩之间必然存在着对比关系（图111～图114）。

图 111. 强对比配色

○ **CMYK** 　0 · 0 · 0 · 0

● **CMYK** 　53 · 4 · 25 · 0

● **CMYK** 　80 · 74 · 53 · 16

图 112. 强对比配色

○ **CMYK** 　0 · 0 · 0 · 0

● **CMYK** 　69 · 4 · 33 · 0

图 113. 弱对比配色

⬤ **CMYK** 18·13·13·0

⬤ **CMYK** 50·30·30·0

图 114. 弱对比配色

⬤ **CMYK** 15·24·4·0

⬤ **CMYK** 0·0·0·0

（2）纹样色彩对比对室内的整体影响

　　无论是强色相对比、强明度对比，还是高纯度的纹样，都具有比较强的色彩对比。通过强色彩对比与弱色彩对比墙纸的样例可以看出，强色彩对比纹样的墙纸，立体感较强，具有较强的凸出效果和动感（图 115）。而弱色彩对比纹样的墙纸，立体感较弱，显得较为平和、舒缓（图116）。在进行室内设计时，若需要营造的是宁静的氛围，则不适合选择强色彩对比纹样的墙纸，反之亦然。

●	CMYK	80·53·100·19
○	CMYK	2·35·10·0
●	CMYK	75·13·89·0
●	CMYK	82·36·16·0

图 115. 客厅选择了强色彩对比的墙纸营造气氛，但此款墙纸有些对比过强，为了减弱喧闹感，设计时搭配了大面积的白色，来予以平衡

○	CMYK	0·0·0·0
○	CMYK	36·29·36·0
○	CMYK	20·27·25·0

图 116. 居家空间通常来说需要轻松、舒适的氛围，适合选择色彩对比较弱的墙纸来进行装饰，在满足居室氛围的同时，还可以提升装饰性

4. 材质与纹样并重

（1）材质的作用

　　色彩和纹样是无法凭空存在的，需要以材质为承载才能够被人们所感知。依附在不同材质上的纹样和色彩，会因为材质本身的变化而产生相应的变化。这些变化非常微妙、细致，却能够为整体设计带来不同的效果（图 117）。因此，材质与纹样并重，都是非常重要的设计元素。

图 117. 室内所使用的材料呈现出的不同质感是物质材料的外貌特征，人们通过对其的感知，能产生不同的心理效应，进而空间的整体设计产生细腻、丰富之感

在室内设计过程中，设计师可以通过材料表面的不同质感，如光滑与粗糙、软与硬、温暖与冰冷等，来给空间带来不同的表现力，并以此激发人们相应的心理效应，提升设计的情感内涵（图118、图119）。

图 118. 金属材料具有硬朗、光滑的质感，可以激发人们冰冷、精致的心理效应

图 119. 木质材料具有柔和、温润的质感，可以激发人们温馨、朴素的心理效应

（2）材质的类型

材质的类型非常多样化，分为冷材质、暖材质和中性材质3种类型。暖材质给人温暖的感觉，大多数为天然材质，如皮草、皮革、织物等（图120）；冷材质给人冰冷的感觉，多数为人工材质，如玻璃、陶瓷、金属等（图121）；木、竹、藤等材质给人的感觉介于冷暖之间，为中性材质（图122、图123）。

当冷色以暖材质呈现出来时，其冷感会有所降低；若暖色以冷材质呈现，其温暖的感觉也会有所降低。如同为粉色，布料要比玻璃感觉要温暖很多，在配色时，可以利用这一变化，来增加层次感。

除了类型，材质本身的光滑程度对色彩的呈现也是存在影响的。同一种色彩当依附于质感光滑的材质上时，明度就高一些，当依附于质感粗糙的材质上时，明度就会有所降低。相比较来说，材质表面越粗糙，其表面的色彩反而会越突出。当进行室内设计时，可以充分调动材质的这些特点，来丰富设计的表现力。

图 120. 暖材质

图 121. 冷材质

图 122、图 123. 中性材质

四、室内背景色

1. 室内空间色彩环境基础

（1）室内色彩的 3 种类型

在一个空间中，色彩是无处不在的，这就为色彩设计增加了难度。为了便于配色，根据色彩所处位置的不同，将其划分成背景色、前景色和点缀色 3 种类型（图 124）。

背景色指作为背景的一类色彩，通常是顶面、墙面、地面等围合空间界面的颜色。在室内空间中，背景色通常是墙面的颜色，是室内空间色彩环境的基础。大部分时候，背景色是一种中立的色彩（图 125）。但在某些时候，也可能成为统治空间内配色效果的主调（图 126）。

背景色　　点缀色　　前景色　　　前景色　　前景色　　点缀色

图 124. 背景色、前景色与点缀色

CMYK 0·0·0·0

CMYK 5·3·15·0

CMYK 40·28·28·0

图 125. 大部分情况下，背景色都是一种中立的色彩，起到衬托前景色的作用

CMYK 0·0·0·0

CMYK 12·80·46·0

CMYK 14·69·88·0

CMYK 69·25·0·0

图 126. 当背景色的纯度或明度较高时，就会变成统治室内配色效果的主调

前景色指主体陈设的颜色，包括家具、大件艺术品等。它与背景色之间的色相、明度及纯度的差距影响空间的整体配色趋势（图 127 ~ 图 130）。

CMYK　0·0·0·0

CMYK　25·20·20·0

图 127. 低明度对比：前景色与背景色的色差较小，营造稳定、内敛的感觉

CMYK　74·60·36·0

CMYK　0·0·0·0

图 128. 高明度对比：前景色与背景色的色差较大，动感较为强烈

CMYK　35 · 12 · 15 · 0

CMYK　8 · 16 · 15 · 0

图 129. 色相对比：背景色与前景色明度接近，但色相
对比强烈，优雅之中带有动感

CMYK　29 · 28 · 27 · 0

CMYK　5 · 12 · 95 · 0

图 130. 纯度对比：高纯度背景色与低纯度前景色纯度
差距较大，易传达出活泼、都市的感觉

点缀色指的是一些小尺寸物体的色彩，如小件的艺术品、花艺、装饰画、布艺等，起到活跃空间氛围的作用（图131、图132）。

图131、132. 点缀色是空间中数量最多、尺寸最小的色彩，有了点缀色的存在，死板的建筑空间才会变得更为生动

（2）背景色具有基础性

　　背景色在室内空间中占据面积最大，具有一定的基础性，常被人们视作空间的主色和基调。人的水平视线高度为 1.5 米左右，所以通常情况下在背景色中具有主导作用的是墙面的色彩。例如，当一个空间中的墙面为高纯度的青色时，通常会描述为一个青色的房间，而不是一个具有青色墙面的房间，也不是一个白色顶面、青色墙面的房间（图 133、图 134）。总体来说，背景色是一个复合体，是较为复杂的。

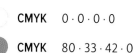

○　**CMYK**　0·0·0·0

●　**CMYK**　80·33·42·0

图 133. 一个具有青色墙面的房间通常会被人们描述为青色的房间

○　**CMYK**　0·0·0·0

◐　**CMYK**　8·16·15·0

图 134. 当一个房间中墙面为白色时，人们通常会将其看作一个白色的房间

现在的时代是一个追求个性的时代，所以设计师在进行空间设计时，也越来越注重个性需求。在这种情况下，墙面作为重点已经难以满足个性设计的需求，所以有时顶面或地面的色彩就会转变为背景色中的设计重点，以表达设计的独特性（图 135、图 136）。但无论背景色的重点部分如何变化，它均具有基础性。

⬤ CMYK　73 · 9 · 93 · 0

◯ CMYK　0 · 0 · 0 · 0

⬤ CMYK　0 · 0 · 0 · 100

图 135. 高纯度的绿色放在了顶面上，背景色的设计重点从墙面转移到了顶面

◯ CMYK　0 · 0 · 0 · 0

⬤ CMYK　25 · 27 · 32 · 0

⬤ CMYK　80 · 35 · 12 · 0

图 136. 高纯度的蓝色用在了地面上，是背景色中最为突出的，具有重要地位

2. 一个组合复杂的色彩体系

（1）先定色彩，再选纹样和材质

一个空间内的背景色除表现在围合空间的顶面、墙面和地面外，位于这些界面上的大面积覆盖物也同样属于背景色的范畴，例如窗帘和地毯。所有这些组成部分所使用材料的色彩、纹样、质地等因素共同构成了背景色体系，使之成了一个复杂的色彩体系（图137～图139）。

CMYK　0·0·0·0

CMYK　43·43·55·0

CMYK　27·27·30·0

CMYK　70·70·65·25

CMYK　32·22·70·0

CMYK　0·0·0·0

CMYK　76·70·65·28

CMYK　0·0·0·0

CMYK　55·43·76·0

CMYK　70·55·30·0

CMYK　72·65·55·10

图137～图139. 背景色的组成是多样且复杂的，不同材料和纹理变化又强化了这种复杂性

　　背景色体系中的每一个组成因素对设计的最终效果都具有一定的影响，这就要求设计师控制好重点部分来掌控整体效果。从视觉要素方面来看，建议将色彩定为重点要素，先定一个色调，而后再挑选纹样及质地进行深化设计，这更有利于把握整体性。（图 140、图 141）

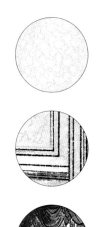

图 140. 此空间背景色的色彩组成较简单，主要是白色、米色及褐色 3 种色彩，以此来塑造一种温馨的基调，但同时设计师又采用了不同质地的材料进行组合，来丰富层次感，塑造出了一种色彩数量少但并不单调的基调

图 141. 此案例与上个案例刚好相反，因为墙面的色彩本身已经足够丰富，具有十足的活泼感，所以在质地上，设计师反而选择了相同的材质来呈现，使其形成统一感，避免基调过于混乱、复杂

（2）背景色与环境的联系

背景色并不是孤立存在的。在选择背景色时，设计师需要将整体大环境和室内小环境联系起来。如考虑所在地区的气候特点，周围有无突出的植被设计，射入室内的光线是否充足等。若所在地区寒冷时间较长，为了能够让居住者感觉更舒适，背景色宜选择温馨的暖色系，在短暂的炎热时期，则可通过更换窗帘、地毯的色彩来达到平衡的目的。若受周围环境影响，室内光线不充足，背景色则适合选择明度高的色彩，使房间显得更明亮，反之亦然（图142、图143）。

CMYK 0·0·0·0

CMYK 27·9·11·0

CMYK 30·48·66·0

图142. 作为背景色之中的重要部分，墙面选择了高明度的冷色系，很适合光照充足且炎热季节较长的情况，可以降低室内的视觉温度，让人感觉更舒适，而在寒冷的季节中，则可以使用一些暖色系的软装来平衡冷感

CMYK 0·0·0·0

CMYK 18·26·33·0

CMYK 30·48·66·0

图143. 对于寒冷时间较长的地区来说，背景色可以选择带有温馨感的暖色系，来增加心理上的温暖感，当夏季来到时，为了避免感觉闷热，可以使用一些冷色系的软装，增加清凉感

（3）背景色与人的联系

　　除了考虑环境外，还需要考虑与人的联系。很多家庭中人员的构成都是较为复杂的，每个人对色彩的需求和喜好都是有区别的。例如，大部分成年女性适合高雅的配色，而女童则适合可爱的配色；成年男性适合理性的配色，男童则适合活泼的配色；老人更适合具有成熟感的配色等。在人群和年龄的分类之外，每个人的个性又是不同的，所以不能一概而论，需要充分的沟通（图144～图148）。

图144. 成年女性适合清新高雅的配色

图145. 女童适合具有可爱感的配色

图 146. 成年男性适合具有理性的配色

图 147. 男童适合具有活泼感的配色　　图 148. 老人适合具有成熟、稳重感的配色

3. 通常用无彩色

（1）有彩色和无彩色

世界上的色彩是千变万化的，每一种色彩都有着多样的变化，而从色彩所表现出的特征来看，它们又可分为有彩色和无彩色两大类。

所有具有色相、明度、纯度 3 种属性的色彩均为有彩色，也就是可见光谱中的全部色彩，其基本色为红、蓝、黄、绿、紫等，将基本色相混合或基本色与黑、白、灰相混合，得到的均为有彩色。黑、白、灰三色仅具有明度上的变化，不具备色相和纯度的属性，因此被称为无彩色（图149、图 150）。

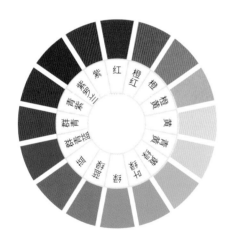

图 149. 色相环上的色彩均为有彩色，这些色彩混合后得到的也均为有彩色

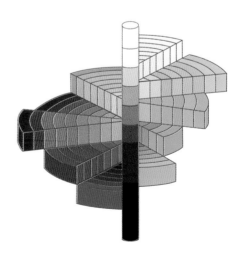

图 150. 在色立体上，横向的均为有彩色，竖向的为无彩色

（2）室内设计中的无彩色环境

　　无彩色环境指一种色彩设计较为独特的空间环境。在现实中，出于舒适性等方面考虑，完全的黑白灰家居环境是较为少见的，室内设计中的无彩色环境并不是单纯地用黑、白、灰营造的环境，也指由中性色或纯度较低的、带有灰度的色彩构成的环境。这种环境主要依靠明度来制造变化，空间中的色彩基本都是柔和的低纯度色彩（图151～图153）。这种环境最大的特点就是可以使其中的家具或艺术品的魅力更加突出，在灰色的墙面上，即使仅悬挂一幅简单的黑白装饰画，也会因为明度对比而成为空间的中心（图154、图155）。

CMYK　0·0·0·0

CMYK　0·0·0·100

图 151. 极致的黑白灰空间多存在于小面积的环境中，如卫浴间，若在生活空间中大范围地使用此类配色，虽然个性、时尚，但也容易显得冷漠

CMYK　0·0·0·0

CMYK　33·27·27·0

CMYK　17·13·15·0

图 152. 设计师用白色和偏紫调的灰色作为背景色，家具则以灰白色搭配接近黑色的暗棕色框架，整体可看作是无彩色的环境，空间整体色彩设计主要强调的是明度的变化

CMYK　0·0·0·0

CMYK　33·27·27·0

CMYK　17·13·15·0

图 153. 以中性色为主构成的室内环境，主要以明度变化来塑造空间层次，搭配不同质感带来的微妙变化，并不让人感觉单薄，反而非常雅致

图 154. 在带有灰调的蓝色、棕色与白色构成的无彩色环境中，即使装饰画非常简单，也成了视觉的焦点

图 155. 在由白色、紫灰色和米灰色构成的背景色中，由旧木和黑铁组成家具，其古朴、沧桑的质感变得尤为突出

CMYK　0·0·0·0

CMYK　86·70·45·6

CMYK　25·35·45·0

CMYK　0·0·0·0

CMYK　69·63·55·8

CMYK　56·86·100·35

（3）关于中性色

在冷暖色部分曾经介绍过，中性色包含了紫色和绿色。确切地说，这种划分方式是狭义。实际上，中性色的范畴更为广泛，它又称为基本色，还包含黑、白、灰、金、银以及纯度较低的色彩。中性色指代一种色彩感觉，而并非某一个色相（图156、 图157）。从这点来看，米色、茶色、驼色、咖啡色、栗色、褐色、深蓝色、藏青色等都是属于中性色范畴。

CMYK　0 · 0 · 0 · 0

CMYK　23 · 22 · 30 · 0

CMYK　18 · 16 · 16 · 0

CMYK　59 · 67 · 98 · 25

图 156. 从整体配色来看，塑造的是一种素雅的环境，男性女性均适合，没有明显的性别偏向，属于中性色配色组合

CMYK　0 · 0 · 0 · 0

CMYK　4 · 23 · 13 · 0

CMYK　18 · 13 · 13 · 0

CMYK　60 · 77 · 100 · 35

图 157. 墙面使用了中等纯度、高明度的粉色，具有明显的女性倾向，虽然家具为中性色，但空间整体配色倾向女性

中性色在室内环境中的运用有两
点意义：一是中性色具有知性的特点，
可以更好衬托主体的色彩特征，例如
在白色或黑色的背景下，黄色的跳跃
感会更加突出；二是中性色易于搭配，
能够塑造一个和谐的基调，使空间中
的所有色彩更具和谐感，例如在一组
互为对比色的物体上使用中性色，不
仅能够使对比效果更强烈，还能起到
融合的作用（图 158、图 159）。

图 158. 黄色沙发在无色系环境中，其色彩特征尤为突出

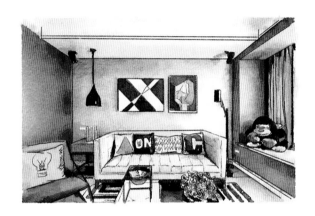

图 159. 中性色背景能够使高纯度的粉色和黄色视觉冲突减弱

练 习

· 同一空间，搭配出 6 种不同颜色、纹样的效果。

COLOR SCHEMES

第四章

感知不同色相的空间配色

一、红色

1. 红色的色彩意象

（1）红色的联想

红色能够让人联想到燃烧的火焰、涌动的血液、浪漫的玫瑰、甜美的草莓等（图 1 ～图 3）。在心理上，红色给人刺激、兴奋、热情、活跃、紧迫、愤怒的感觉，是与强烈的情感联系在一起的色彩，象征团结、爱情。常作为警示色，代表危险。红色可以是偏暖色的，也可以是偏冷色的（图 4、图 5），可以是橘红，也可以是粉红。

（2）红色的意义

在古代，红色象征权力、地位。例如，清朝皇宫的建筑等象征权力与地位。在古埃及，黑色象征吉祥。与黑色相比，红色并不受欢迎，令人生畏，这里指的并不是日出或者日落的红色，而是象征暴力的红色。

从基督教开始，红与黑就是属于地狱的颜色，属于魔鬼的色彩。在中世纪早期，白、黑、红这 3 种色彩仍具有比其他色彩更重要的象征意义。色彩与社会三阶层出现的对应关系：白色代表祭司或教士阶层；红色代表武士阶级；而黑色代表劳动阶层。白红对立的棋盘更能代表西方，红与黑的对立更能代表亚洲。可见，西方在古代并没有把黑与白对立，一直都是将红与白当成对立的色彩来使用。

图 1 ～图 3. 红色让人联想的事物

图 4. 冷红色

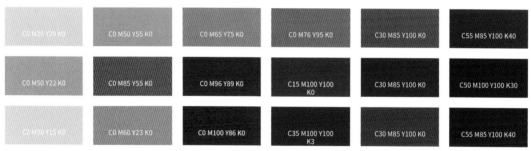

图 5. 暖红色

2. 东方视角下的红色

（1）绛

《说文解字》说："绛，大赤也。"意为比赤要深的红色，而赤的浓度已在其他诸多红色之上。

（2）赤

《说文解字》说："赤，南方色也。"赤的本义是火的颜色，是比绛稍浅、比朱偏暗的红色。

绛

赤

（3）朱

《说文解字》说，朱的本义指赤心木，松柏属。朱是先秦时古人认为最纯正的红色。

C5 M100 Y100 K0

朱

（4）丹

《说文解字》说："丹，巴越之赤石也。"就是巴郡、南越出产的红色石头。丹指比较鲜亮的红色。

C0 M85 Y90 K0

丹

（5）红

《说文解字》说："红，帛赤白色也。"即红白混合之色（现在所说的粉红色）。在汉以后，其成了不同深浅的红色的总称，包括绛、赤、朱、丹等。

C0 M100 Y100 K0

红

（6）茜

茜，表示大红色，其意来源于茜草这种染料。以茜代红，在文学作品中常见，如李商隐的诗句"茜袖捧琼姿，皎日丹霞起"。

C55 M90 Y100 K43

茜

（7）彤

《说文解字》说："彤，丹饰也。"其本义是以红色作装饰。

C10 M100 Y100 K0

彤

（8）赭

《说文解字》说："赭，赤土也。"指红褐混合的颜色，并不纯正。

C50 M100 Y100 K36

赭

(9) 绯

绯在《说文解字》中并没有出现。《旧唐书·舆服志》记载，"唐制，文武官员，四品服深绯，五品服浅绯"，即以绯为官服之色。

C45 M100 Y100 K0

绯

3. 红色在室内空间的搭配解析

(1) 空间中家具、陈设的平衡

在室内空间中，比较常用的红色分为纯正的红色（正红色）和较暗的红色两种类型。纯正的红色纯度较高，适合表现热闹、具有活力的气氛，现代风格或古典风格均可使用。但此类红色纯度很高，跳跃感和刺激性很强。当墙面使用了此类红色时，就需注意面积的控制和配色的挑选，以寻求平衡感（图6）。例如，仅用在主题墙部分，同时搭配一些色彩素雅、柔和的家具及陈设，来增加舒适感；或者，多处小面积地使用正红色，并搭配一些高明度的色彩来减弱其刺激感（图7）。

除此之外，正红色还有一些妙用。当室内的配色过于沉闷、素雅或单调时，即可选择少量的正红色陈设来搭配，如两张正红色的沙发椅、一幅装饰画、一个靠枕或两件工艺品等（图8、图9）。

较暗的红色，纯度和明度都比较低，与鲜艳的红色相比，更内敛，更具古典、高级的气质。此类红色可以大面积使用，但值得注意的是，色调较暗容易显得沉闷，可以搭配黑色、白色或对比色来调节层次（图10～图12）。

●	CMYK	10 · 100 · 100 · 0
●	CMYK	0 · 0 · 0 · 100
●	CMYK	30 · 35 · 55 · 0

图 6. 案例中所用的红色材质经过处理后具有了纹理感，同时，还搭配了暗褐色的木质和米黄色的座椅，刺激性被大大减弱，且因为红色的加入，还减弱了暗色材料较多带来的沉闷感

●	CMYK	22 · 100 · 100 · 0
●	CMYK	36 · 9 · 13 · 0
○	CMYK	0 · 0 · 0 · 0

图 7. 正红色与白色的搭配时尚感强，但也容易显得过于火热，因此分散了面积，采用不同的陈设来呈现，这样还能形成呼应，强化整体配色的融合性，同时高明度蓝色的使用也具有平衡刺激性的作用

CMYK　0·96·100·0

CMYK　0·0·0·100

CMYK　0·0·0·0

图 8. 黑色沙发上的正红色靠枕减轻了沙发的沉重感，同时与装饰画上的红色产生了呼应，增添了趣味性，且红色与无色系组合，使空间中的时尚气质更加强烈

CMYK　0·96·100·0

CMYK　15·16·27·0

CMYK　100·98·55·20

CMYK　0·0·0·100

图 9. 此案例的墙面背景色为柔和的米色，塑造出了柔和而温馨的基调，而两张正红色椅子的加入打破了这种柔和，注入了时尚和热烈

CMYK 46·100·100·26

CMYK 0·0·0·0

CMYK 0·0·0·100

CMYK 56·53·53·0

图 10. 当所使用的红色之中黑色含量较多时，其刺激性就会大大地减弱，而变得更具沉稳感，当与无色系组合时，就会显得很高级，具有浓郁的典雅感

CMYK 0·96·100·0

CMYK 0·0·0·0

CMYK 89·55·68·15

CMYK 0·0·0·100

图 11. 此空间中使用了两种红色，窗帘部分的红色纯度较高，搭配了金色和白色，餐椅使用了较为暗沉的红色，搭配了金色、黑色和祖母绿色，整体显现出一种低调奢华的感觉

图 12. 这是一个法式宫廷风格的室内空间，硬装部分较多地使用了白色和暗金色，奠定了奢华但不庸俗的基调，暗红色和金色组合的软装加入，进一步凸显出了宫廷风格的奢华和高级感

CMYK　58 · 96 · 80 · 45

CMYK　0 · 0 · 0 · 0

CMYK　35 · 18 · 20 · 0

CMYK　44 · 50 · 50 · 0

（2）空间中面料、图案的应用

在运用红色时，不同的面料对红色的呈现效果是存在差异的。例如，带有光泽感的面料会提升红色的注目性和吸引力（图13）。反之，亚光且带有肌理感的面料则会降低红色的吸引力，但却能够提升其高级感（图14）。当进行室内设计时，可以结合面料的这些作用，达到塑造某种格调的目的（图15）。

红色的强弱还与图案有关，具体体现为，当图案较为抽象、色彩特征较弱且覆盖红色的面积较大时，红色的热烈感就会被弱化（图16）；若图案较为具象且与红色之间的对比较强，或有红色参与的图案较具有动感，红色的热烈感就会被强化（图17）。

图13. 两张红色的沙发椅使用了光亮的皮革材质，在灯光的加持下，其色彩特征变得更为突出，成了空间中的绝对主角，相比之下，地毯上的红色因为使用了毛料，注目性则大大减低，更具高级感

图 14. 窗帘及餐椅上的红色使用的是织物，没有反光的特性，因此，色彩会显得更低调一些，虽然本身使用的也是略暗一些的红色，但布料的特质使红色显得更为柔和、沉稳

图 15. 用丝绒质感的面料来呈现红色，使本就具有调性的低明度红色显得更具品质感和高级感，且多处不同材质面料的组合也进一步丰富了空间装饰的层次感

图 16. 椅子用高明度红色图案包覆后，红色的注目性减低，椅子整体更具高级感；而椅子上靠枕的红色就比较突出，是因为使用了具有动感的条纹图案

图 17. 墙面上红色的画、红色的椅子和地面上的红色条纹互相呼应，让整体空间更引人注目，原因是墙面上的图案是具象的人物画，且同时搭配了与红色对比强烈的白色，所以其上的红色显得更具主导性

三、黄色

1. 黄色的色彩意象

（1）黄色的联想

凡·高说过，"黄色是一种金子的色彩，是一种太阳的创造"。黄色会让人联想到酸酸的柠檬、明亮的向日葵、香甜的香蕉、金灿灿的银杏叶。黄色的频率适中，是众多色彩中较温暖的，给人轻盈、灿烂、温暖、充满希望的色彩印象（图18～图20）。在心理上可以产生快乐、明朗、积极、年轻、活力、警示的感受。黄色也有各种各样的呈现状态，有偏红的，有偏绿的，有偏棕的，有纯度特别醒目的（图21、图22）。

（2）黄色的意义

在中国，黄色的文化源远流长。在中国有"黄生阴阳"的说法，把黄色奉为彩色之主，是居中位的正统颜色，为中和之色，居于诸色之上，被认为是最美的颜色。与中国完全相反，西方社会认为黄色就是色情的颜色和低俗的颜色，很多19世纪末英国的低俗小说往往会用黄色的封皮，后来黄色就成了色情的代名词，或不入流的象征。一些西方的油画，地位比较低的人用黄色，地位比较高的人用红色，而在中国是相反的。

从东西方对待黄色的差异上可以看出，虽然是同一种颜色，但其意义在不同的国家却是完全相反的。所以在运用色彩进行设计时，要追本溯源地知道这些颜色的文化意义，将其用在适合的场合。

图18～图20.黄色让人联想的事物

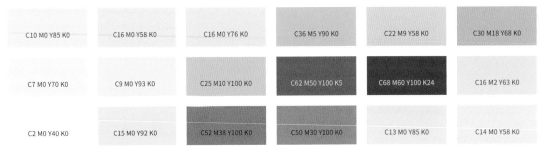

图 21. 冷黄色

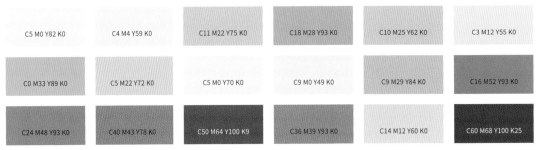

图 22. 暖黄色

2. 东方视角下的黄色

（1）明黄

《说文解字》说："黄，地之色也。"天地玄黄——盘古初开天地混沌时就是黄色。明黄被视为中央之位，这也是其为尊色的本源所在。

明黄

（2）缃

《说文解字》说："缃，帛浅黄色也。"缃即是浅黄色。

缃

（3）柘黄

柘黄为黄栌染色，所以称黄栌色，色彩偏赭黄红色。

柘黄

C0 M30 Y85 K0

（4）苍黄

苍黄指黄而发青的颜色，是一种灰暗的黄色。《素问·五常政大论》："其色苍黄。"王冰注："色黄之物外兼苍也。"

苍黄

C35 M48 Y100 K0

（5）秋香

秋香即为浅橄榄色，由绿和黄调成，是介于绿色和黄色之间的颜色，随调配比例而变化。

秋香

C18 M30 Y100 K0

（6）杏黄

杏黄指黄而微红的颜色。源自成熟杏子的黄色，古代多为皇室专用色。

杏黄

C0 M45 Y88 K0

（7）鹅黄

鹅黄指淡黄色，鹅嘴的颜色，高明度偏红黄色，像小鹅绒毛的颜色。

C3 M0 Y82 K0

鹅黄

（8）栀黄

栀黄指用栀子果实的黄色汁直接浸染织物所得到的颜色，为一种偏红的暖黄色。

栀黄

C4 M17 Y77 K0

（9）柳黄

柳黄指柳叶新抽芽时的黄色。明代陶宗仪《南村辍耕录·写像诀》："凡调合服饰器用颜色者……柳黄，用粉入三绿标，并少藤黄合。"

C30 M0 Y95 K0

柳黄

3. 黄色在室内空间的搭配解析

（1）空间中家具、陈设的平衡

高纯度的黄色刺激感比红色低很多，更多给人的是一种明朗、活力、轻松的感觉。与红色不同的是，暗色调的黄色会显得有些压抑，所以在室内空间中，作为背景色中重点的墙面部分多会使用高纯度的黄色，家具、陈设及地面部分可以根据具体需求来选择黄色（图 23、图 24）。但也需注意，当选择暗色调的黄色时，使用的面积不宜过大。

冷暖不同的黄色营造的氛围是存在一些差别的。暖黄色积极、愉悦、华丽的感觉更强一些，冷黄色则更现代、更优雅、更有距离感（图 25～图 27）。设计时可根据气氛营造的需要来选择具体的色彩类型。

黄色是所有彩色中明度最高的一种，作为跳色特别醒目，对空间具有立竿见影的调节效果。但在设计时，需要注意平衡感的把握，仅在一处使用黄色，会显得非常孤立、突兀。此时黄色适合放在视觉中心的位置并搭配一些深色，将其变成主角（图 28）。如果想弱化这种突兀感，则可以在不同的两至三处的位置上使用黄色，形成呼应，即可让空间整体达到平衡（图 29、图 30）。

CMYK　4·17·77·0

CMYK　25·7·9·0

图 23. 主题墙上所使用的是高纯度、中明度的黄色，搭配高明度的蓝色，给人清新、纯净的感受

CMYK　0·0·0·0

CMYK　5·45·88·0

CMYK　28·44·95·0

CMYK　55·65·90·20

图 24. 墙面、家具及地面均使用了黄色，但纯度和明度是不同的，在统一之中形成了较丰富的层次感，地面上的黄色为暗色调，但仅作为部分花纹存在，所以并不会显得压抑

图 25. 暖黄色的墙面搭配无色系，具有华丽、成熟、富贵的效果，并能够让人感到亲切

CMYK 4 · 17 · 77 · 0

CMYK 0 · 0 · 0 · 0

CMYK 58 · 50 · 48 · 0

CMYK 0 · 0 · 0 · 100

CMYK 7·0·59·0

CMYK 13·100·62·0

CMYK 45·47·52·0

图 26. 冷黄色墙面本身的感觉是优雅而具有距离感的，整个案例的华丽感来自高纯度粉红色的使用

CMYK 0·0·0·0

CMYK 2·12·93·0

CMYK 48·100·100·26

CMYK 83·73·47·8

CMYK 10·0·75·0

图 27. 空间中同时使用了偏暖的黄和偏冷的黄：墙面上的黄色偏暖，搭配白色和红色，营造出愉悦、华丽的效果；沙发椅的黄色偏冷，与蓝灰色和白色搭配，更具现代感和优雅感。虽然同为黄色系，但不同的气质碰撞为简约空间注入了更丰富的内涵

CMYK　0 · 0 · 0 · 0

CMYK　7 · 100 · 73 · 0

CMYK　82 · 64 · 53 · 9

图 28. 餐厅中没有设计主题墙，设计师选择一幅黄色装饰画作为主题装饰，在白色墙面和墨蓝色酒柜的衬托下，黄色的跳跃感显得更为强烈，成为空间中绝对的主角

CMYK　4 · 22 · 82 · 0

CMYK　15 · 6 · 7 · 0

CMYK　58 · 58 · 60 · 5

图 29. 在中性色围合的环境中，黄色的加入为空间注入了华丽、愉悦的气质，选择两张而不是一张沙发椅，意在使其形成呼应，同时也通过重复的形式让黄色本身的特质更加突出，使整体配色更具张力

图 30. 高纯度、中明度的黄色搭配原木色及高明度、中纯度的蓝色，营造出清新而充满田园气息的氛围，黄色的对称布置使空间配色形成平衡，在视觉上更具舒适感

CMYK　4·22·82·0

CMYK　0·0·0·0

CMYK　47·23·34·0

CMYK　42·40·45·0

（2）空间中面料、图案的应用

　　面料对于黄色的作用，可参考红色部分的内容。在具体选择承载黄色的面料时，可以根据其在整体配色中的位置进行。例如，当黄色作为空间中的绝对主角时，可以使用光泽感强的面料或与其他部分差异大的面料来突出其主体地位；当黄色作为辅助色使用时，则可选择弱化色彩的面料，如棉、麻等（图31、图32）。

　　黄色是跳跃的、活泼的，所以在选择黄色材质的纹理时，需要特别注意色彩的搭配和纹理本身的跳跃性。所谓色彩的搭配，是指材料上黄色与其他色彩的色差不宜过大，纹理本身的跳跃性，则是指纹理本身具有的动感。黄色本身足够醒目，如果图案整体的色差过大或纹理跳跃性过大，很容易引起晕眩感，所以不建议挑选此类的图案（图33）。可选择与黄色色差较小、纹理比较规整或有规律的类型（图34）。

图31、图32. 在这两个案例中，黄色沙发都是空间中的绝对主角，选择了与其他家具差异性较大的亮光皮革材质，用色彩叠加面料的形式，进一步突出了客厅中沙发的主角地位

图 33. 本案中设计师为了增加儿童房的趣味性，黄色窗帘及靠枕选择了趣味性较强但纹理相当突出的图案，当窗帘拉开时，大且不规则的图案增加了黄色的膨胀感，也很容易使人感到晕眩

图 34. 墙面上使用了造型较为规整且排布有规律的黄色图案墙纸，且黄色与底色的白色之间色差较小，所以虽然图案很密集，但却没有混乱、眩晕的感觉

三、橙色

1. 橙色的色彩意象

（1）橙色的联想

橙色让人联想到丰收的季节、温暖的太阳、成熟的橘子（图35～图37）。同时在心理上产生温暖、年轻、时尚、勇敢、活力、危险的感觉，也会带有消沉感，表现出烦闷、颓废、悲伤等。橙色混入些许黑色或白色，会变成一种稳重、含蓄又明快的暖色。混入较多的黑色，就成为一种烧焦的色。橙色中加入较多的白色会带来一种甜腻的感觉。橙色作为一种色相，同样具有丰富的变化，有低明度、低纯度的橙色，也有高纯度、高明度的橙色，还有低纯度、高明度和高明度、低纯度的橙色等（图38）。

（2）橙色的意义

在绘画艺术和传统色彩理论中，橙色是一种间色，由黄色与红色混合而成。在西方，这个色彩是以橙子（Orange）命名的。早在15世纪之前，欧洲就已经出现了橙色，不过人们并没有为这种色彩命名，它被简单地称为黄红色。从15世纪后期到16世纪前期，葡萄牙商人第一次将橙子树从印度带到了欧洲，伴随而来的还有其梵文名字 naranga，这个名字在欧洲的几种语言中逐渐演化出几个变体：西班牙语"naranja"、葡萄牙语"laranja"、英语"orange"。在西方国家，橙色往往与便宜实惠的产品挂钩，而且在万圣节中使用颇广。橙色一直以来还是荷兰奥兰治家族的色彩。在亚洲，橙色是印度教和佛教重要的符号色彩。在泰国，橙色是代表星期五的色彩。

图35～图37. 橙色让人联想的事物

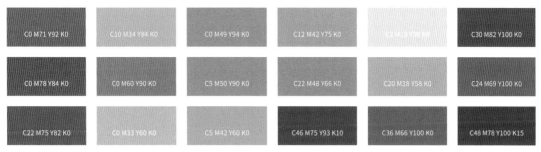

图 38. 各种橙色

2. 东方视角下的橙色

（1）缇

《说文解字》说："橙，橘属。"橙指一种水果。后才引申为颜色。描述橙色的字为缇。《说文解字》中解释："缇，帛丹黄色。"引申为橘红色的丝织物。

缇

（2）杏红

黄杏熟透后会发红，接近橘红色。宋代张先《画堂春·外湖莲子长参差》："桃叶浅声双唱，杏红深色轻衣。小荷障面避斜晖，分得翠阴归。"

杏红

（3）橘黄

橘黄指比黄色略深、似橘子皮的颜色。

橘黄

（4）橘红

橘红指略带一些红色的橙色。

橘红

（5）橙黄

橙黄指像橙子那样黄里带红的颜色。

C0 M46 Y98 K0

橙黄

3. 橙色在室内空间的搭配解析

（1）空间中家具、陈设的平衡

橙色是红色和黄色的间色，兼具两者的一些特征。高纯度的橙色是最突出的前进色且具有膨胀感，若设计为墙面背景色，空间一定要宽敞且采光要好，否则会显得非常拥挤（图39）。同时，背景色中还可搭配白色来平衡（图40）。

高纯度橙色的明亮程度仅次于黄色，很醒目，所以在作为小面积色块单独运用时容易产生孤立感，可多处使用，形成呼应（图41）。这些橙色的纯度可以是相同的，也可以拉开一些色差，制造层次感（图42）。当橙色的纯度降低时，醒目程度也有所缓和，可单独使用。

（2）空间中面料、图案的应用

不同的明度可以拉开橙色的层次感，不同的面料具有不同的作用。当一个空间中多处运用了橙色，且空间中所采用的色彩较少，层次感较单调，即可以用不同的面料将橙色加入进来，使整体的层次感更丰富一些（图43～图45）。

橙色材质纹理的选择可结合橙色所运用的位置、空间的面积等因素来综合考量。当橙色运用在主题墙上时，纹理可以适当地夸张或具象一些，以凸显主题墙的中心地位，同时也需要注意平衡感的处理和橙色面积的控制（图46）；当橙色作为点缀色出现时，材质的纹理可以抽象、弱化一些，如选择以几何纹理为主的样式（图47）。但需注意空间层次问题，例如在床品组合中，橙色靠枕的图案可以突出一些，而大面积的床盖、毛毯等使用素色或暗纹会更舒适（图48）。

CMYK 0·73·95·0

CMYK 0·0·0·0

CMYK 64·77·100·30

CMYK 75·90·95·50

图39. 在非常开阔的空间中，墙面大量使用了高纯度橙色及少量白色，作为背景色，塑造出华丽、欢乐的基调，膨胀色的运用让空间整体变得更充裕、丰满，家具选择了较暗的棕色系，加强了明度和纯度对比，在使整体更具空间感的同时，色彩设计也更具平衡感

CMYK 0·83·93·0

CMYK 0·0·0·0

CMYK 99·79·60·30

图40. 本案中的高纯度橙色在背景中仅用在了两个主题墙处，搭配了大量的白色，奠定了动感的基调，与其呼应的是，家具和陈设上也使用了相同的橙色，形成了整体感，为了寻求平衡感并塑造个性的效果，同时也选择了一些中低明度的蓝色家具和陈设，整个空间华丽又个性

● CMYK　0·83·93·0

○ CMYK　0·0·0·0

● CMYK　0·0·0·100

图 41. 为了避免墙面上的高纯度橙色过于孤立,设计师搭配了带有橙色的家具,使空间整体的配色更具融合感和平衡感,从整体色彩设计来看,橙色、白色、黑色和金色的组合,个性而又具有低调的奢华感

● CMYK　9·80·100·0

○ CMYK　0·0·0·0

● CMYK　33·15·13·0

● CMYK　15·20·40·0

图 42. 这是一个儿童房,橙色组合蓝色和黄色,塑造出天真、活泼的氛围,橙色的纯度是比较高的,为了增加舒适度、获得平衡,蓝色选择了高明度,黄色选择了中高明度

图 43. 高纯度的橙色运用在窗帘、床品及家具上，因为空间面积较小，色彩数量少，橙色的层次感就变得非常重要，不同质感面料的选择避免了单调感的产生，使整体设计更具细腻感

CMYK   0 · 68 · 96 · 0

CMYK   0 · 0 · 0 · 0

CMYK   50 · 55 · 53 · 0

图 44. 在由无色系组成的环境中，橙色变得尤为突出，多类型面料的配合使设计的细节部分更精致，也丰富了层次感

图 45. 不同面料的呈现使同一种橙色出现了微妙的差距，同时搭配不同明度的组合，塑造出较强的空间感

图46. 空间中窗帘、侧墙均运用了橙色，为了凸显主题墙的中心地位，橙色以具象图案的方式呈现，虽然图案是醒目、夸张的，但橙色占据的比例较少，配色非常具有平衡感，与墙面和窗帘上的纯色形成了强烈的差距，反而变得更为突出

176

图 47. 在床品组合中，两个橙色的靠枕成了视觉中心，为了更引人注目，搭配了具有动感的几何线条纹理，主体地位更为明确

图 48. 卧室中的橙色选择了低明度的类型，更为沉稳、成熟。在此基调下，靠枕及相框选择了较具有动感的几何纹理，与墙面纹理巧妙形成了呼应，强化了硬装与软装的整体感。并且，在色彩及纹理的双重加持下，将人的视线集中到了床这个区域，使空间中的装饰主体更为突出

四、绿色

1. 绿色的色彩意象

（1）绿色的联想

绿色是自然界中存在最多的色彩，碧绿的树叶、新鲜的蔬菜、酸酸的青橘、鲜嫩的小草等（图49～图51）。绿色带给人们放松、惬意的感觉，在心理上可以产生健康、新鲜、生长、舒适、天然的感觉，象征青春、和平、安全。绿色也同样有冷色和暖色之分，偏黄调的为暖绿色，偏蓝调的为冷绿色（图52、图53）。

（2）绿色的意义

绿色不像红色那么张扬，不像黄色那么艳丽、奔放，不像蓝色那么安静，具有非常强烈的镇定作用。绿色是所有颜色当中最容易让眼睛放松的颜色，所以其在社交软件中常用作背景色。绿色带给人的祥和感和安静感是生活当中不可缺少的一部分，越来越多的人在家中摆放绿植或鲜花（图54、图55）。绿色是春天的象征，是生命力的象征，也像是初恋的味道。

在中国，绿色象征长寿和慈善。在西方中世纪艺术创作中，扮演生命化身的神明常常穿绿衣。绿色也象征毒药，暗藏 "邪恶" "有毒" "死亡" 等含义。

图49～图51.绿色让人联想的事物

178

图 52. 暖绿色

图 53. 冷绿色

图 54、图 55. 家中摆放绿植可以带给人祥和感和安静感

2. 东方视角下的绿色

（1）绿

《说文解字》说："帛青黄色也。"本义指蓝染料与黄染料调配而成的颜色，后来引申为草和树叶壮盛时的颜色。

（2）苍

《说文解字》说："苍，草色也。"本义指草的颜色，即深绿色，也可指浅青色。

C62 M0 Y100 K0

绿

C80 M20 Y100 K0

苍

（3）碧

《说文解字》说："碧，石之青美者。"
本义是青绿色的玉石，引申为青绿色。

C68 M0 Y48 K0

碧

（4）缥

《说文解字》说："缥，帛青白色也。"
本义为一种淡青色的帛。在淡灰绿色中，青的
成分较多，是一种发白的绿色。

C48 M0 Y45 K0

缥

（5）翠

翠的本义是翡翠、翠玉，杜甫《绝句（其三）》
有记载："两个黄鹂鸣翠柳，一行白鹭上青天。"
表示颜色时指翡翠般的青绿色。

C88 M35 Y80 K0

翠

（6）葱绿

葱绿是指浅绿又略显微黄的色彩，也叫葱
心绿。

C45 M0 Y100 K0

葱绿

（7）绿沈

绿沈指浓绿色，亦作"绿沉"。晋代王羲
之《笔经》云："有人以绿沉漆竹管及镂管见遗，
录之多年。斯亦可爱玩，讵必金宝雕琢，然后
为宝也。"

C85 M30 Y100 K0

绿沈

（8）豆绿

豆绿指浅黄绿色，比嫩绿色较黄而暗，
从比标准绿色较黄而微浅的灰黄绿色至中黄绿
色。

C46 M4 Y85 K0

豆绿

（9）油绿

油绿是一种光润而浓绿的颜色。

油绿

3. 绿色在室内空间的搭配解析

（1）空间中家具、陈设的平衡

绿色是中性色，所以既不会显得耀眼，也不会过于冷清，其平衡感的处理相对于暖色和冷色来说，都会更容易一些。在绿色系中，鲜艳的绿色及暗沉的绿色在设计时，是比较需要注意平衡感处理的（图56、图57）。

虽然绿色可以大面积使用，但过多容易让空间显得乏味，且绿色与蓝色组合后，如果占据空间面积过大，会显得过于冷清。在这两种情况下，都可以通过搭配绿色的对比色或高纯度的色彩来进行平衡（图58、图59）。

卧室中较多地使用了高明度的绿色，搭配的是白色和深棕色，虽然清新，却显得略为乏味，一张红色椅子的加入打破了这种乏味感，但并没有改变整体的田园格调，反而增加了一些个性。

（2）空间中面料、图案的应用

绿色材质的选择可以结合打造的格调来进行。当想要塑造的是自然风的格调时，可以选择亚光类的材质，如亚光漆、棉麻织物等（图60）；如果想要清新感强一些，可以适当使用一些高光泽感的材质，如亮面漆、玻璃等（图61）；若追求的是华丽的、高级的气质，则可以选择丝绒质感的面料（图62）。但这些选择并非绝对正确，可根据喜好和需求进行组合。

●	CMYK	77·0·92·0
○	CMYK	0·0·0·0
●	CMYK	44·2·63·0
●	CMYK	52·30·0·0

图 56. 当绿色的纯度足够高时，在空间中没有其他纯色的情况下，它会具有一些刺激感，此时，可以搭配白色或高明度的同色相色彩进行平衡，即可以在保持注目性的同时，增加舒适感

●	CMYK	78·60·78·25
○	CMYK	0·0·0·0
●	CMYK	64·90·90·58

图 57. 当低明度的绿色较多使用时，容易使空间显得乏味、压抑，若追求的是自然、舒缓的气氛，可以通过加入大量的白色来进行调节，通过明度的对比，活跃氛围并提升空间感

●	CMYK	88·60·100·42
○	CMYK	0·0·0·0
◔	CMYK	30·23·33·0
●	CMYK	45·90·100·13

图 58. 空间中的墙面由白色和灰色组成，加入暗绿色的椅子后，具有高雅复古的格调，但略缺乏层次感，暗橙红色窗帘的加入在调节平衡感的同时，没有破坏高雅的格调

●	CMYK	69·40·100·0
○	CMYK	0·0·0·0
●	CMYK	73·65·63·18
●	CMYK	25·80·40·0

图 59. 两把高纯度的绿色椅子与无色系背景搭配，清新有余但时尚感不足，加入两个鲜艳的玫红色靠枕，在对比色的衬托下，个性感和时尚感都更加浓郁、突出

图 60. 暖绿色乳胶漆搭配白色，使空间呈现出自然而又充满希望的感觉

图 61. 两把高光泽感的绿色椅子的加入让以蓝白为背景色的空间的清新感变得更强

图 62. 浓郁的祖母绿选择使用具有高级感的丝绒面料来呈现，搭配金色和黑色，具有奢华而又低调的气质

　　当绿色使用的面积较大时，例如墙纸，可以选一些比较规则且色彩对比相对弱的图案，用蓝绿组合、黄绿组合等，对比色组合也可以使用（图 63）；如果使用的面积较小，如装饰画或靠枕，则可选择具象一些的图案，如能够强化绿色自然感的植物图案等，色彩对比可强烈一些（图64）。

图 63. 空间中的整体配色是素雅、内敛的，为了增添一些活跃的氛围，避免呆板感，加入了 3 个植物图案的绿色靠枕，因为居于点缀色的位置，所以在活跃氛围的同时，并不会打破原有的气氛

图 64. 主题墙上使用了一幅绿色和橙红色组合的雨林元素装饰画，为新古典气质的空间注入了一丝自然感和活泼感

五、蓝色

1. 蓝色的色彩意象

（1）蓝色的联想

蓝色让人联想到辽阔的天空、宽广的大海、清澈的池水、晶莹的泪滴等，是所有色彩中较具冷感的颜色（图 65～图 67），给人美丽、文静、理智、安详与洁净的色彩印象，在心理上可以产生清爽、寒冷、冷静、通透的感受。它代表着好感、和谐、忠诚、友好、信任、高尚的精神品质。蓝色有各种冷暖色的表达（图 68、图 69）。

（2）蓝色的意义

蓝色象征忠诚。在国外，很多婚礼现场都会用到蓝色。在英国的历史上有过一段时间，蓝色是只有皇室才能用的色彩，因此称之为"皇家蓝"。1801 年，大不列颠及爱尔兰联合王国正式成立，米字旗随之诞生。根据 RGB 参数发现，"皇家蓝"与英国国旗的蓝色底色几乎一致，因此逐渐让保留皇室制度的英国，开始将这样的蓝色视为地位的象征。直至现在，英国的女王、王妃等皇家重要人物在很多场合都喜欢穿蓝色。实际上，"皇家蓝"并非英国皇室专属，早在17 世纪，欧洲皇室贵族都将蓝色视为象征尊贵的色系。

图 65～图 67. 蓝色让人联想的事物

图 68. 冷蓝色

图 69. 暖蓝色

2. 东方视角下的蓝色

（1）蓝

《说文解字》说："蓝，染青草也。"古汉语中蓝并不表示色彩，表示色彩的是青。蓝表示色彩是后起义，指暗蓝色。

（2）青

《说文解字》说："青，东方色也。"其本义是蓝色，后也用来指深绿色。《荀子·劝学》："青，取之于蓝，而青于蓝。"

C100 M82 Y24 K0

蓝

C85 M44 Y13 K0

青

（3）靛

靛的本义为用蓼蓝叶泡水调和石灰沉淀所得的蓝色染料。"靛蓝"，亦称"靛青""蓝靛"，是蓝色和紫色混合而成的一种色彩。

C93 M87 Y44 K9

靛

（4）黛蓝

黛蓝指深蓝色，蓝中带黑。

C93 M82 Y54 K23

黛蓝

（5）石青

石青是指一种接近黑色的深蓝。在《大清会典》等有关服饰典制的记载中，石青被广泛用于清代的衮服、朝服、吉服、常服等服饰中，彰显正统与庄重。

C100 M100 Y64 K48

石青

（6）碧蓝

碧蓝指深而澄的蓝色，青蓝色。

C57 M0 Y22 K0

碧蓝

（7）月白

月白指淡蓝，近似月色。古人认为月亮的色彩并不是纯白，而是带着一点淡淡的蓝色。

C16 M0 Y6 K0

月白

（8）花青

花青是一种中国画颜料的色彩，由天然靛蓝材料制成。

C100 M93 Y54 K8

花青

3. 蓝色在室内空间的搭配解析

（1）空间中家具、陈设的平衡

蓝色是冷感最强的色彩，高明度的蓝色清爽、清新，低明度的蓝色沉稳、理智。高明度的蓝色在使用时基本不需要进行特别的平衡，即使大面积作为背景色使用，也不会显得过于冷硬（图70）。塑造清新感可搭配大量的白色，塑造自然感可搭配木色，塑造活泼感可搭配红色或黄色，注意层次感的平衡即可（图71）。

低明度的蓝色在使用时需要特别注意平衡感的把控。若用在墙面时，适合搭配对比色或高明度差的家具（图72）；当用作大型家具时，可搭配一些跳跃感强的点缀色（图73）。

CMYK 66·10·24·0

CMYK 42·32·32·0

CMYK 64·77·100·30

图70. 以高纯度、中高明度的蓝色组合作为墙面背景色，清新而华丽，以灰色为主的家具，整体呈现雅致的感觉，色彩组合中明度的差距保证了空间感的塑造，虽然色彩数量少，但并不单调

CMYK　40·0·15·0

CMYK　11·32·59·0

CMYK　5·9·12·0

CMYK　20·100·52·0

CMYK　0·0·0·100

图71. 墙面使用了两种高明度的蓝色进行搭配，而后配以米白色的沙发和黑色的灯具，整体呈现出来的是一种时尚而优雅的女性印象，玫红色靠枕及座椅的加入进一步强化了这种印象，并活跃了整体层次

CMYK　72·48·20·0

CMYK　100·95·48·9

CMYK　10·30·93·0

图72. 墙面上使用了大面积的中明度蓝色，同时又搭配了一张低明度的蓝色沙发，为了避免沉闷、冷清，设计师搭配了一些具有跳跃感的黄色陈设，整体配色变得非常有个性，又具有平衡感

CMYK　72·48·20·0

CMYK　60·60·55·5

CMYK　17·13·50·0

图73. 空间中选择了灰色组合中低明度的蓝色作为背景色，具有很强的理性，但略为冷清，在搭配了白色的沙发和装饰画后，高明度差增添了活泼感，但却没有破坏原有的理性格调

（2）空间中面料、图案的应用

　　虽然蓝色本身是冷色，但采用的面料不同，对其本身的冷感还是存在一些影响的（图74）。当面料的光泽感比较强时，蓝色的冷感会加强，也会显得更为时尚、清新（图75）；当面料比较粗糙时，蓝色就会显得更为沉稳，更为古典、华丽（图76）。

　　蓝色是具有很强冷感的。在选择纹理时，若不想破坏这种冷感，可挑选明度差大一些、色相差小的纹理，为了避免冷感过强，图案可以选择具象的或动感较强的类型（图77）。反之，如果想要整体配色个性活泼一些，图案可选择色相差大一些的纹理，但需注意面积及比例的控制，避免引起晕眩感（图78）。

图 74. 同一个空间中的不同明度的蓝色使用不同的面料呈现出来，高明度的蓝色更清新，低明度的蓝色更厚重，让同一个色相呈现出不同的视觉感受，极大地丰富了空间的层次

图 75. 用有光泽的丝绸面料来呈现蓝色，为自然感浓郁的空间注入了一些清新和时尚

图 76. 当低明度的蓝色用肌理感强烈的丝绒面料呈现时，蓝色变得更为沉稳和华丽

图 77. 蓝色、白色和沉稳的棕色组成的背景色整体呈现出清新中带有自然气质的格调，用蓝色为主的装饰画装饰墙面，活跃氛围，在进一步点出装饰主题的同时，仍维持了原有的基调

图 78. 空间整体配色素雅而宁静，为了不破坏这种整体感，又能够避免蓝色带来的冷感，设计师选择了一块由高明度蓝色和低明度蓝色组成的条纹地毯，动感的图案和高明度差的对比起到了活跃氛围的作用

六、紫色

1. 紫色的色彩意象

（1）紫色的联想

　　紫色在自然界中并不常见，通常让人联想到优雅的紫罗兰、芬芳的薰衣草等（图79、图80）。在所有色彩中，紫色是最具高贵和神秘感的，是略带忧郁的色彩。它代表了权威、声望，以及某种精神世界的最高的追求，可以营造高尚、雅致、神秘与阴沉等气氛。紫色也有各种各样的呈现状态，有偏冷的紫色，也有偏暖的紫色，有低调的紫色，也有醒目的紫色（图81、图82）。

（2）紫色的意义

　　紫色有时候会营造出一种孤独感和恐怖感。在西方文化中，紫色代表幽灵、死亡。在日本代表深深的悲伤，也代表皇室。在中国的传统文化中，紫色代表着圣人、帝王之气，紫色是尊贵的颜色，如北京故宫也叫"紫禁城"。"Violet"（紫色）一词来源于古代法语中的Violete，意为一种开着紫色花的植物。而"Purple"（紫色）一词来自拉丁语Purpura，是一种软体动物，古代推罗人就是从这种动物身上提取紫色染料的，这种色彩是古罗马皇族的专用颜色。

　　在西方，紫色代表着灵性与神圣。拜占庭帝国时期，具有王族血统的人自称"从紫色中出生"。在中世纪，只有圣母、天使和教皇才着紫衣。在当今社会，紫色更多地被摇滚、女权、边缘族群和亚文化圈所使用，和高贵再也没有任何关系。

图79、图80. 紫色让人联想的事物

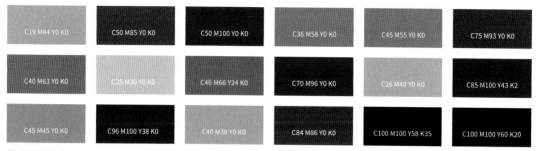

图 81. 冷紫色

图 82. 暖紫色

2. 东方视角下的紫色

（1）紫

《说文解字》说："紫，帛青赤色。"本义是"紫色"，即"蓝和红组成的颜色"。

（2）茈

《说文解字》说："茈，茈草也。"茈可作紫色染料，即茈引申意义为紫色，通"紫"。

紫

茈

（3）堇

堇，雪青色，是一种浅蓝紫色，是紫色中偏冷的部分，含蓝色的成分较标准紫色多。

（4）丁香

丁香为紫丁香的颜色，是一种浅浅的紫色，娇柔淡雅。

C36 M38 Y0 K0

堇

C26 M40 Y0 K0

丁香

（5）青莲

青莲近似于蓝色、深蓝色和蓝紫色，但既不是浅紫色，也不是深紫色，而是一种蓝紫色，即蓝中略微泛红的色彩。

（6）绛紫

绛紫，指暗紫中略带红的色彩。

C96 M100 Y50 K6

青莲

C50 M89 Y58 K9

绛紫

3. 紫色在室内空间的搭配解析

（1）空间中家具、陈设的平衡

紫色是一种极具个性且女性感很强的颜色，适合装饰女性空间。在男性空间中，可适量使用暗色调的紫色，其他色调的紫色大面积使用需慎重。

高明度的紫色具有很强的浪漫感，若大面积使用，需注意配色的平衡，否则容易显得过于甜腻，可根据空间格调，选择不同的色彩进行平衡，例如想要强化紫色的浪漫感，可用深紫色及白色来调节（图83），想要个性化，可用灰色或黑色调节（图84）。

CMYK 25·23·10·0

CMYK 0·7·45·0

CMYK 77·84·15·0

图 83. 空间大面积仅使用了白色和紫色两种颜色，使效果呈现出执着的浪漫感和内敛感，为了避免淡紫色的甜腻感及单调感，加入了深紫色，进行调节整体的平衡及空间感

CMYK 35·36·18·0

CMYK 0·0·0·0

CMYK 25·30·33·0

CMYK 62·78·96·46

图 84. 使用高明度紫色装饰墙面，可在塑造浪漫基调的同时，让空间显得更宽敞一些，床品以白色为主，在减弱了淡紫色的甜腻感的同时，也让空间看起来更加明亮

与高明度紫色相比，鲜艳及暗色调的紫色更需要平衡感的处理，尤其是在使用面积较大的情况下，否则容易使空间过于个性或阴郁（图85）。例如，暗紫色的墙面可用比其鲜艳的家具来平衡（图86），或者也可用白色或高明度色彩来平衡（图87）。

● CMYK　70 · 76 · 53 · 13

○ CMYK　0 · 7 · 45 · 0

● CMYK　84 · 43 · 22 · 0

图 85. 空间中的墙面使用了暗紫色，为了避免阴郁而失去个性，搭配了白色的窗帘、壁炉以及鲜艳的蓝色座椅，来平衡整体的色彩感觉

● CMYK　60 · 90 · 40 · 0

○ CMYK　0 · 0 · 0 · 0

● CMYK　95 · 85 · 25 · 0

图 86. 高纯度的紫色虽然明度略低，但仍然非常醒目，为了使整体效果更具美观性和平衡感，设计师在墙面上搭配了大量的白色，同时还搭配了黑色的家具，在使其保持个性的同时，观感更舒适

图 87. 灰色是非常具有包容力的色彩，在灰色背景下，选择极具个性的深紫色沙发，使整体配色现代、个性，具有很强的融合感和平衡感

⬤ CMYK　25·23·10·0

⬤ CMYK　44·33·25·0

⬤ CMYK　50·23·70·0

（2）空间中面料、图案的应用

　　紫色给人端庄、优雅的印象，具有十足的内敛感。在表现紫色时，可以多使用一些肌理感较强的亚光面料，使其色彩的内涵表现更为突出（图 88）。但当紫色作为点缀色使用时，为了拉开其与主体物体色之间的差距，可以选择光泽感较强的面料来呈现（图 89）。

　　紫色可以天真、华丽、厚重，但很少会显得活泼。在维持紫色优雅内涵的同时，想要表现活泼感，可以依靠材料的图案来实现（图 90）。例如，活泼的圆点图案、带有动感的几何图案等，均可增添活力气息（图 91）。

图 88. 用丝绒面料及亚光的材质来呈现紫色，将带有灰调的紫色的高级感和优雅感表现得更为淋漓尽致

图 89. 紫色靠枕是作为点缀色存在的，作为其背景的沙发使用的是墨绿色的丝绒材质，为了与其拉开距离，紫色选择了高光泽感的丝绸面料，使点缀色的衬托作用发挥得更为突出

图 90. 儿童房中使用了紫色和米色搭配，塑造出浪漫而又纯真的格调，但过于素雅的配色不符合儿童的年龄特点，因此窗帘部分的紫色材料加入了圆点图案，搭配地毯上的花朵图案，表现儿童活泼的特点

图 91. 空间整体的配色是时尚而素雅的，但会略显得有些平淡，加入一张带有白色菱形纹理的灰调紫色地毯，活跃了氛围，避免了单调和乏味

七、黑色

1. 黑色的色彩意象

（1）黑色的联想

黑色让人联想到乌黑的煤炭、黑色的宝石、漆黑的墨汁（图92、图93）。它给人稳定、庄重、神秘、炫酷、死亡、恐怖的色彩印象，带来深沉、寂静、悲哀、压抑的感受。在文化意义层面，黑色是宇宙的底色，代表安宁，亦是一切的归宿。黑色包括很多类型，如煤黑、金刚石黑、灰黑、乌黑、玛瑙黑、墨汁黑、焦油黑、红得发黑的黑等（图94）。

（2）黑色的意义

黑色代表了对彩色的否定，若红色代表爱情，"黑＋红"则代表仇恨，"黄＋黑"代表自私和谎言，"蓝＋黑"代表固执。灰色是忧郁的，"灰＋黑"会产生强烈的负面情感。黑色还象征肮脏、无耻和卑劣。从中世纪开始，饱和度高的彩色的衣服是贵族、王室专用的，普通人的衣服都是浊色、不纯净的色彩。黑色是时尚设计师喜欢的色彩。黑色现代，可以彰显个性欲望；黑色有非常强烈的事实感，一张黑白照片往往比一张彩色照片更具有资料性价值。

图92、图93. 黑色让人联想的事物

图94. 各种黑色

2. 东方视角下的黑色

（1）黑

《说文解字》说："北方色也，火所熏之色，从炎上出。"在中国传统文化中，有五行、五方和五色之说。五行之中"黑"对"水"，代表北方。

C93 M88 Y89 K80

黑

（2）玄

《说文解字》说："玄，黑而有赤者。"黑中带红的色彩即为玄，汉代以后指黑里带微赤的色彩。赤黑色，指黑中带红的色彩，泛指黑色。

C93 M90 Y78 K70

玄

（3）缁

缁原意是指黑色的丝帛。用缁做的衣服，春秋时期流行。

C80 M90 Y90 K90

缁

（4）乌

乌最早出现在秦汉时的小篆里。人们对神秘的乌有一种崇拜感。

C80 M90 Y90 K75

乌

（5）皂

皂本义指皂斗这种植物，用它的壳煮水可以染黑。皂又指黑色。

C80 M90 Y90 K75

皂

（6）墨

墨是指人们非常熟悉的文房四宝之一，以墨表示黑色。

C0 M0 Y5 K75

墨

（7）黎、黔

古人有时把它们互相通用。黎原本是指一种庄稼，类似于小米。

C5 M5 Y100 K86

黎、黔

3. 黑色在室内空间的搭配解析

（1）空间中家具、陈设的平衡

黑色是非常百搭的颜色，可以容纳任何色彩。在具体设计时，黑色常作为家具或地面的主色，形成稳定的空间效果。有时为了塑造艺术性或前卫感，黑色会作为主色使用，此时要注意面积的控制和色彩平衡感。当某一个部位的黑色使用较多时，其他部位就应减少黑色的使用量，加大与其具有高明度差的色彩的使用，如黑色主题墙搭配白色沙发，或者在以黑色为主的环境中，加入一些高纯度的鲜艳色彩，均能够在视觉上形成平衡（图95～图98）。

CMYK　0·0·0·100

CMYK　15·15·30·0

CMYK　80·50·45·0

图95. 黑色的墙面搭配白色的顶面具有经典且时尚的气质，为了避免过于沉闷，沙发选择了高明度的米灰色，通过明度对比，制造出了较为明快的节奏

● CMYK　40·0·15·0

○ CMYK　11·32·59·0

● CMYK　5·9·12·0

图 96. 黑色是明度最低的颜色，所以重量感最强，当把整个嵌入式柜体设计为黑色时，空间中其他部分的墙面及整个顶面全部运用白色，才能够在视觉上产生平衡感

● CMYK　39·98·100·7

● CMYK　8·2·80·0

● CMYK　0·0·0·100

图 97. 这是一个艺术感极强的空间，墙面使用了大量的黑色作为背景色，为了避免过于沉闷和肃穆，楼梯设计为白色，并且加入了高纯度的红色和黄色的陈设，予以平衡

图 98. 黑色和暗金色做组合，凸显出个性而又低调奢华的气质，但两者结合的明度较低，所以其他部分的墙面及全部顶面都使用了白色，白色与它们形成平衡

● **CMYK** 0 · 0 · 0 · 100

● **CMYK** 58 · 70 · 100 · 30

（2）空间中面料、图案的应用

　　黑色是比较沉重的，所以在进行搭配组合时，面料的选择尤为重要。在室内空间中，当多处使用了黑色时，可以选择不同质感的面料来呈现，来表现黑色的不同特质，用细微的差别来丰富整体的层次感（图99、图100）。

　　黑色图案总体来说可分为两种：一种是较具动感的类型，适合活跃气氛、表现个性，通常与白色或高明度灰色等设计为动感纹理（图101）；另一种是比较低调的类型，适合丰富层次（图102、图103）。

图 99. 空间中大量使用了黑色，如射灯、栏杆、沙发、茶几及座椅等，却并不会让人觉得单调、乏味，黑色采用了多样化的材质来呈现是主要的原因

图 100. 墙面上的黑色是光泽感最低的部分，休闲椅上座位部分的黑色光泽感居中，椅子腿部位的黑色光泽感最强，这 3 部分为黑色赋予了丰富的层次，让整体设计更具质感和细腻感

图 101. 黑色与高明度灰色构成的斑马纹墙纸个性而又具有极强的动感，因为色彩没有冷暖偏向，所以即使是大图案，膨胀感也有限，并不会让人觉得过于眼花缭乱

图 102. 黑色设计为不同的几何纹理并与白色底色组合，简约且具有理性，在活跃空间氛围的同时，又不会显得喧闹、混乱

图 103. 黑色坐墩使用的是木质材料，其上的纹理经过处理呈现出隐约的变化，丰富了黑色的层次

八、白色

1. 白色的色彩意象

（1）白色的联想

　　白色会让人联想到洁白的雪、白色的鲜花、圆润的珍珠、淡淡麦香的面粉（图104～图106）。白色是一种包含光谱中所有颜色光的颜色，通常被认为是"无色"的，是众多色彩中最明亮的颜色。给人清爽、无瑕、简单、高洁的色彩印象，在心理上可以产生轻松、愉悦、壮大、死亡、不祥的感受。白色包含乳白、杏白、奶白、古董白、亚麻白、米白、雪白、珍珠白以及象牙白等不同类型（图107）。

（2）白色的意义

　　白色代表纯洁，象征圣洁优雅。在中国文化中，白色与红色相反。西方国家一般都爱好白色，代表完美、理想、美好和正能量。白色是开始，黑色是终结，白色代表重生，黑色代表死亡。在西方，白色还代表喜悦，比如说，婚纱基本上都是白色的。但对于东方国家来说，白色象征着不完美、悲哀。

图104～图106. 白色让人联想的事物

图107. 各种白色

2. 东方视角下的白色

（1）白

《说文解字》说："白，西方色也。阴用事，物色白。"商朝时人们把"白"字写作"Ϙ"，仿佛放射光芒的太阳，这是对阳光颜色的描述。

C93 M88 Y89 K80

白

（2）素

《说文解字》说："素，白致缯也。"其本义是白色的又密又厚的丝帛，引申为不装饰、没有花纹。

C93 M90 Y78 K70

素

（3）缟

缟指古时一种没有染颜色的白丝织物，后用来指代白色。其也称为练色，是天然的本白色，类似于象牙色或乳白色。

C80 M90 Y90 K90

缟

（4）皓

《小尔雅》载"皓，白也"，皓是白、洁白的意思。

C80 M90 Y90 K75

皓

（5）皤

《说文解字》说："皤，老人白也。"本义为白色。

C16 M0 Y6 K0

皤

（6）颢

《说文解字》说："颢者，日光也。日光白，从颢，言白首也。"本义为头白的样子，引申为白色。

C100 M93 Y54 K8

颢

(7) 霜色

霜色的基本释义为白色。唐代周贺《赠神遘上人》诗:"道情淡薄闲愁尽,霜色何因入鬂根。"

(8) 茶白

茶白的基本释义为如茶之白色。《周礼·考工记·鲍人》:"革,欲其茶白,而疾浣之,则坚;欲其柔滑,而腥脂之,则需。"

C36 M38 Y0 K0

霜色

C26 M40 Y0 K0

茶白

(9) 莹白

莹白即为晶莹洁白。唐代白居易《荔枝图序》:"壳如红缯,膜如紫绡,瓤肉莹白如冰雪,浆液甘酸如醴酪。"

C0 M3 Y5 K8

莹白

3. 白色在室内空间的搭配解析

(1) 空间中家具、陈设的平衡

空间内仅使用白色会带来寒冷、严峻的感觉,也容易显得寂寥,所以白色多与其他色彩组合使用来取得平衡。白色与灰色和黑色组合,可以打造出纯净而又时尚的格调(图108、图109);白色与木色组合,会显得干净、透彻而又不乏温馨感(图110);白色与有彩色组合,干净而又不乏活力,是非常时尚的配色方式(图111)。

CMYK　30 · 23 · 22 · 0

CMYK　52 · 60 · 84 · 7

图 108. 白色搭配不同明度的灰色，点缀少量的暗金色，给人以简洁、透彻而又不乏时尚的感觉

CMYK　60 · 50 · 48 · 0

CMYK　0 · 0 · 0 · 100

图 109. 以白色为主，搭配少量中明度的灰色，形成了无色系的环境，虽然色彩数量仅有 3 种，但因为明度的差距并不显得乏味，反而渲染出纯净而又时尚的气息

图 110. 大量的白色搭配原木色构成了空间的主调，塑造出开阔、干净、明朗而又不乏温馨的效果

⬤	CMYK	30 · 23 · 22 · 0
⬤	CMYK	17 · 30 · 40 · 0

图 111. 在大量白色的环绕下，所使用的蓝色和绿色显得更为清新，因为背景是纯净的，所以即使使用的是冷色和中性色，也不乏活泼感

⬤	CMYK	100 · 93 · 30 · 0
⬤	CMYK	40 · 47 · 53 · 0
⬤	CMYK	57 · 28 · 58 · 0
◯	CMYK	0 · 0 · 0 · 0

（2）空间中面料、图案的应用

　　白色虽然有很多种类，但只有依托材质才能够表现出来（图112）。当空间中大量使用白色时，必须注意材质的搭配组合，用不同的质感来塑造层次感，否则就容易显得寂寥、单调（图113）。

图112. 虽然白色是中性色，但不同质感的材料会具有不同的偏向，图中白色玻璃就会显得冷硬一些，而白色织物窗帘就显得柔软一些，白色墙面则处于两者之间，尽管使用了较多的白色，但是因为材质的多变，显得非常丰富

图113. 顶面、墙面和床品均为白色，却因为使用材质的不同，而呈现出了一些细微的差别，这种差别极大地丰富了空间的层次，避免了单调感的产生

　　白色材质的图案主要有两种：一种是白色本身通过不同的造型塑造的纹理，如石膏线造型，适合硬装或在家具上使用（图114）；一种是与其他色彩组合塑造的纹理，但此类纹理通常较为低调，配色不会过于活跃，如白色大理石的纹理以及墙纸或布料暗纹等，适合用于丰富层次感（图115）。

图114. 白色墙面上配以同色石膏线造型、简洁、利落，却不乏精致感，改变了平面墙的平淡、乏味，空间具有一种欧式情调

图 115. 白色大理石吧台上的纹理极大地丰富了空间整体装饰的层次感，且显得非常舒适、自然

九、灰色

1. 灰色的色彩意象

（1）灰色的联想

　　灰色是介于黑色和白色之间的一系列颜色，其不如黑色和白色纯粹，却也不似黑色和白色单一，具有十分丰富的层次感。灰色使人联想到压抑的乌云、朦胧的雾、坚硬的岩石、皲裂的树皮（图 116 ～图 119）。它给人温和、谦让、中立、高雅、保守、压抑、无趣的色彩印象，在心理上可以产生简朴、素雅、深沉、迷茫、坚毅、执着、灰心的感受。灰色是无色系中变化最丰富的一种颜色，有浅灰色、中灰色和深灰色等。同时，灰色也具有冷暖变化，有冷灰色，也有暖灰色（图 120、图 121）。

（2）灰色的意义

　　灰色是高级的色彩和高雅的色调，象征混沌的情感、恐怖和阴暗、不友好，同时也多用于象征内向忧郁的性格。

　　随着科技的发展，灰色也带上了现代文化色彩。灰色软件是一个概括性词语，它是指安装在计算机上跟踪或向某目标汇报特定信息的一类软件。用灰色来形容人的心情，往往跟意志消沉、萎靡不振、颓废等字眼联系在一起。在英语中，"grey"一词有年老的意思，代表人上了年纪，经历了岁月沧桑，阅历和见识都已达到了很高的程度，故有灰色英镑之说，来形容老年人的购买力。

图 116 ～图 119. 灰色让人联想的事物

图 120. 冷灰色

图 121. 暖灰色

灰色变化极丰富，是复杂的色彩。漂亮的灰色常常能给人以精致、含蓄、耐人寻味的印象。灰色不是混淆黑白，不是丧失立场的调和。它是最接近生活原生状态的色彩，表现出对生活朴素、深刻的理解。

2. 灰色在室内空间的搭配解析

（1）空间中家具、陈设的平衡

在室内设计中，高明度灰色可以大量使用，能够体现出高级感，若搭配同样高明度的白色，再点缀少量黑色或有彩色，则可以增添空间的灵动感（图 122）。另外，灰色具有非常丰富的变化，组合使用能够营造出具有极强都市感的氛围（图 123）。

高明度灰色具有极强的容纳力，配色时无须太过注意平衡，搭配一些高明度差的色彩，拉开空间感即可（图 124）。例如，大量的高明度灰色墙面和中明度灰色沙发椅搭配一张黑色茶几，即可获得平衡感（图 125）。而低明度的灰色，在使用时就需要注意面积的控制和色彩的平衡，可搭配白色或其他高纯度彩色使用（图 126 ～图 128）。

CMYK 12 · 9 · 9 · 0

CMYK 66 · 58 · 55 · 4

CMYK 17 · 15 · 20 · 0

图 122. 高明度灰色大量用于墙面，搭配深灰色的地面，再组合居于两者中间的米灰色餐椅，高级而又不乏层次感

CMYK 30 · 23 · 22 · 0

CMYK 69 · 65 · 64 · 16

CMYK 85 · 60 · 58 · 12

图 123. 不同明度的灰色组合白色，塑造出纯净而不乏时尚感的基调，具有浓郁感的蓝绿色少量加入，增添了灵动感和艺术气质

CMYK 23·17·17·0

CMYK 66·58·55·4

CMYK 3·30·7·0

图124. 墙面使用了大量的高明度灰色，为了拉开空间感并体现灰色的色彩特征，沙发选择了中低明度的灰色，加入高明度的粉色地毯，时尚而又具有女性倾向

CMYK 18·13·13·0

CMYK 65·50·39·0

CMYK 0·0·0·100

图125. 墙面、地面及沙发椅均为灰色系，但冷暖倾向略有不同，搭配白色沙发和黑色茶几，虽然整体形成的是无彩色环境，但是层次感极其丰富

CMYK　0·0·0·0

CMYK　66·58·54·3

CMYK　89·69·31·0

图126. 用中低明度的灰色装饰主题墙和地面，塑造出都市、冷峻的基调，为了避免沉闷和冷硬感，周围墙面使用了大量的白色，同时搭配了宝蓝色的餐椅，在视觉上产生了平衡感，也增强了空间中的理性气质

CMYK　0·0·0·0

CMYK　76·70·66·29

CMYK　37·37·37·0

图127. 设计师用低明度的灰色餐椅搭配白色墙面，利用白色和深灰色的高明度差，加强空间的立体感和平衡感，同时也让整体效果更为时尚、个性

图 128. 虽然此空间采光较好，但面积并不大。主题墙使用了低明度的深灰色，来凸显个性，为了避免压抑感，家具选择了明度较高的色彩，予以平衡

CMYK　8 · 15 · 32 · 0

CMYK　66 · 58 · 55 · 4

CMYK　18 · 13 · 13 · 0

（2）空间中面料、图案的应用

　　灰色的包容力决定了它本身不会显得过于突出，所以当空间中较多使用了灰色时，就需要注意材质的搭配，不同部位可使用不同质感的材料来表现（图129、图130）。即使是相同的灰色，也建议使用不同的材质来表现，这样可以营造出更多样化的细节，使整体设计更具品质感（图131～图133）。

图129. 墙面和床品均使用了灰色，墙面选择用亚光乳胶漆来呈现，而床品的灰色则选择用高光泽感的丝质面料来呈现，虽然灰色使用的量比较多，但因为质感的多样化，也并不会让人觉得缺乏细腻性

图 130. 客厅内使用了多种灰色，且使用了不同粗细的材质来呈现，这塑造出了极为丰富的层次感，虽然只有沙发是有彩色，却并不会让人感觉是单调的

图 131. 墙面的灰色为高明度，沙发的灰色为低明度，两者相比来说，因为沙发使用了肌理感更强的面料，使低明度灰色的"重"感更强，也衬托了墙面的灰色，更轻盈

图 132. 墙面与桌布使用了相同的灰色，但却因为所用材质的不同而呈现出了细微的差别，让人觉得仿佛是两种灰色，增添了趣味性，丰富了配色的层次感

图 133. 为了形成比较统一的效果，墙面和床头使用了明度较为接近的灰色，但同时为了拉开空间感，又选择了不同的材质来呈现

　　灰色材质的图案可根据空间所要营造的氛围来选择。如果追求雅致、内敛的感觉，可选择色差小的图案类型，如灰色系组合且小明度差的图案。在此基础上，如果想图案突出一些，可选择具象或大纹理类型（图 134）；如果想要保持雅致感，则图案可小且规整一些；如果想在雅致、理性的基础上，增加一些活跃感，可选择色差稍大且动感强的图案，如折线或条纹等（图135）。

图 134. 灰色系组合、小明度差、水墨画主题的图案墙纸为空间增添了幽远的意境，并且没有破坏原有的雅致感

图 135. 空间整体的配色是理性、现代的，但因为色彩均较为朴素且没有纹理，略显得有些单调，灰色折线条纹靠枕和地毯的加入，在保持基调不变的情况下，增添了节奏感和动感

十、中性色

1. 中性色的色彩意象

（1）中性色的联想

广义上的中性色除了黑白灰、绿色及紫色外，还包括褐色、银色与金色。

①褐色

褐色又称棕色、赭色、咖啡色、茶色等。褐色常与大地、木材等关联，具有自然、简朴的色彩印象，给人可靠、有益健康的感觉（图 136～图 139）。但换一种角度来说，褐色也会被认为有些沉闷、老气。褐色具有较为丰富的明度变化，包含了驼色、咖啡色、焦糖色、米白色、米黄色等多种颜色（图 140）。

图 136～图 139. 褐色让人联想的事物

| C53 M82 Y100 K27 | C62 M73 Y88 K37 | C60 M69 Y100 K27 | C58 M58 Y92 K10 | C20 M30 Y36 K0 | C73 M77 Y84 K50 |
| C58 M65 Y70 K10 | C42 M50 Y60 K0 | C46 M60 Y80 K3 | C60 M96 Y100 K40 | C10 M20 Y46 K0 | C13 M19 Y23 K50 |

图 140. 各种褐色

②银色与金色

银色与金色是在自然界中几乎见不到的颜色，需要通过人工提炼加工才能得到。银色象征着洞察力、灵感、星际力量、直觉，具有贵重、高科技的色彩印象，代表高尚、尊贵、纯洁、永恒和未来。金色象征着高贵、光荣、华贵和辉煌，具有贵重、奢华的色彩印象，代表着光辉、光明、闪耀和过去。

（2）中性色的意义

①褐色

褐色通常与朴素、质朴和贫穷相关。在古罗马，"pullati"意为"穿着褐色的人"。

褐色自古以来都是画家非常钟爱的色彩，最早可追溯到 300 年前的拉斯科洞穴的岩画。在中世纪，深棕色颜料很少用于艺术创作。至 15 世纪后期，艺术家开始使用更多的棕色来绘制油画。木乃伊棕在 18 至 19 世纪是画家们最爱使用的一种色彩。古希腊人和罗马人制作了一种棕红色墨水，在文艺复兴时期被达·芬奇、拉斐尔和其他艺术家使用。在 20 世纪后期，褐色成为西方文化中简单、廉价、自然和健康的象征。

②银色

在古代，人类就对银有了认识。银和黄金一样，是一种应用历史悠久的贵金属，至今已有 4000 多年的历史。由于银独有的优良特性，人们曾赋予它货币和装饰双重价值。银色在家居空间中常常用作表现科技主题，同时银色也能很好地表达未来主题。

③金色

在许多国家，金色代表至高无上。人类在发现黄金之初并不知道它是稀缺的，只是因为它与太阳有着相似色彩。艺术家通常会用它来表达相对抽象的物质，比如光。到了 16 世纪，黄金进入欧洲皇室的日常生活。在欧洲开始流行使用黄金器皿的 500 年前，唐朝就已经开始制作大量的黄金器具。金色成为尊贵的色彩。

2. 中性色在室内空间的搭配解析

（1）空间中家具、陈设的平衡

①褐色

褐色的色彩印象多源于自然中的泥土、树木，是具厚重感和亲切感的色彩。即使是暗色调的褐色，也可以大面积使用，打造复古、沉稳、具有力量感的氛围。褐色在使用面积较多的情况下，若平衡感处理不好，很容易会显得沉闷、老旧，所以可以多使用一些高明度的色彩或加入其对比色、明度较高的纯色来进行平衡，如白色、米白色、蓝色、黄色等（图 141～图 144）。

图 141. 中低明度的褐色墙面，即使在采光比较好的情况下，也显得有些沉闷，而白色和蓝色组合的沙发，打破了这种沉闷感，且蓝色与褐色的对比让空间整体呈现出个性、时尚的感觉

CMYK　40·40·70·0

CMYK　32·30·20·0

CMYK　77·54·13·0

图 142. 空间中大量使用了明度较低的红褐色来塑造古典格调，因为明度很低，所以显得非常厚重，为了取得平衡，地面和家具均选择了高明度的米色，在让配色更平衡的同时，也增添了柔和感

CMYK 13·24·44·0

CMYK 64·78·97·48

CMYK 93·62·9·0

CMYK 65·67·100·33

CMYK 8·22·98·0

CMYK 93·73·36·0

图 143. 墙面使用了褐色的木质装饰，这个区域显得略为沉闷，所以设计师搭配了一组高纯度的黄色餐椅，并为墙面配置了一组白色装饰画，用明度差降低褐色的沉闷感，并进一步提升空间感

CMYK 90·60·86·38

CMYK 60·40·48·0

CMYK 79·87·95·73

图 144. 低明度的褐色家具搭配木质材料，即使在空间中占据的体积较小，也让人感觉是非常沉重、沉闷的，设计师为了容纳这组家具，将墙面设计成了较为浓郁的绿色，打破家具的沉闷，同时也使空间中的自然韵味更浓郁

②银色与金色

银色与金色缺少温馨感，显得有些冷硬、工业化，在家居空间中不建议大面积使用，可作为家具的辅助色或点缀色。若觉得这两种颜色在使用时有些过于突兀，可以使用无色系进行平衡（图145、图146）。

图 145. 空间内因使用了高纯度的粉红色搭配黄色，而具有了较为华丽的感觉，但并没有奢华感，而金色装饰镜、茶几和灯具的加入转变了整体效果，使之变成了轻奢格调，金色总与白色共同存在，所以并不会显得庸俗

● CMYK　20·35·88·0

● CMYK　18·66·35·0

● CMYK　45·32·0·0

图 146. 这是一个十分具有奢华感的空间，茶几的底部整体都采用了暗金色，非常耀目，为了平衡其过于突出、冷硬的感觉，桌面选择了黑色大理石，使整体都显得非常高级

CMYK　29 · 13 · 13 · 0

CMYK　100 · 85 · 50 · 6

CMYK　38 · 55 · 100 · 0

CMYK　0 · 0 · 0 · 100

（2）空间中面料、图案的应用

①褐色

褐色最常依托的材质是木材，这也是其最为自然、最舒适的呈现方式。在设计时，若觉得一种褐色较为单调，可以搭配皮革或布料来进行调节（图147）。对于图案的选择来说，木质材料上本身纹理的变化就是丰富的、自然的图案，也是适合褐色的一种图案呈现（图148）。

图 147. 褐色的木质书架面积较大，虽然具有纹理，但不是很突出，从整体装饰上来讲，略有些单薄，所以搭配了一张同色系的皮质休闲椅，达到了丰富层次感的目的

图 148. 用木材来呈现褐色，能够强化褐色那种自然、厚重的色彩特质，且木材本身并非纯色的，其上带有丰富的纹理变化，如图中的山纹，在灯光的照射下，极大地丰富了墙面的层次感

②银色与金色

银色和金色主要依托的材料是各种金属。从图案上来讲，主要是质感的变化，如亮面、亚光和拉丝的区别，会使其呈现出不同的效果。在设计时可以根据需求进行结合，如墙面金属条选择亮面，灯具上选择拉丝等。除此之外，银色及金色的漆还可为家具做描边纹理，让空间变得奢华（图149、图150）。

图149、图150. 当黑色的家具叠加了金色的描边纹理时，变得充满了奢华感，但并不显得庸俗，反而非常高级且具有品质感

练习

· 用文字描述的方式，对一个完整的户型进行色彩解析。

TIPS FOR USING COLORS

—— 增强配色
效果的技巧

除了构图的疏密、顿挫、大小、远近、张弛等所呈现的节奏变化，色彩也能传达出独特而富有生命的节奏韵律。有节奏变化的配色可以舒缓人们疲劳和紧张的情绪，赋予心理上的愉悦感，完成心理学上的知觉转换。

一、增强配色的节奏

1. 使用调和色

调和色是指调整画面整体色彩效果的色彩。调整某个色相或主体色调时小面积使用调和色，就能突出画面的重点。在具有明度差的配色中使用调和色的效果最佳（图1、图2）；在引人注意的暖色系中使用高饱和度的调和色，会有非常出彩的效果；运用无彩色白色作为调和色，则能够在不破坏整体色彩感觉的前提下制造视觉上的重点（图3、图4）。建议小面积地使用调和色，如果大面积地使用调和色，则会使配色效果发生改变。

2. 增加相邻色

在进行色彩搭配时，使画面具有一定的整体感是很重要的。除了使用同类色搭配能够体现很强的整体感之外，在色相差异较大的色彩之间添加相邻色，也是实现画面配色统一的有效技巧。相邻色可以使不同的色相之间形成一定的关联，同时使画面更具层次感（图5、图6）。

图 1. 沙发缺了颜色，整体空间乏味、寡淡

图 2. 沙发有了颜色，使整体空间层次丰富

图 3. 壁纸与床品格外花哨，空间不高级

图 2. 墙壁、壁纸加入蓝色，使空间变得和谐

图 5. 色相差异较大的配色，不够生动

图 6. 添加相邻色，使画面更具层次感

3. 隔离色配色

这是有意将色彩之间的联系切断的配色方式。与层次感配色相反，各种色彩彼此衬托，都显得十分醒目，呈现出活泼、动感的印象。在对比效果强烈的色彩之间，或在色彩差异很小的朦胧色彩中添加小面积的黑、白等无彩色，也能够形成隔离感，使画面效果更加丰富（图7～图9）。

图 7. 加入无彩色形成隔离色配色

图 8. 该高饱和度的蓝色沙发使空间显得廉价

图 9. 当沙发改为白色后，整体空间高级感倍增

4. 运用白色

白色形成的光影效果能够呈现出很强的通透感和空间感，而不会给画面造成负担（图10、图11）。白色可以在不改变有彩色的色相、明度或纯度的情况下，将有彩色衬托得更加清晰明确（图12、图13）。大面积地运用留白可以表现明亮洁净的感觉，并弱化有彩色的嘈杂感，给人清爽的视觉印象。

图 10. 暗色调的墙面，让人感觉空间很拥挤

图 11. 白色的墙面，大空间感明显，显得高级

图 12、图 13. 在大面积白色的衬托下，有彩色的搭配使空间具有强烈的奢华、时尚、精致感

5. 色彩重复

在配色过程中，将色彩按照统一的大小、形状、走向进行有秩序的编排，其色彩、色调或形状重复运用 3 次以上，形成的效果称为色彩重复。色彩重复能够反复强调重点色，给人深刻的印象，并使关联性不强的元素之间产生呼应，达到融合的效果，保持画面的平衡感，是较为常用的配色手法（图 14 ～图 16）。这样的配色方法能够使大量不同的色彩得到充分的展示，富有韵律感和节奏感，又不会使画面显得纷繁杂乱，是多色搭配的有效技巧之一（图 17、图 18）。

图 14 ～图 16. 一个图案，表示强调，重复的图案，形成节奏

图 17、图 18. 墙壁繁复的图案各有特点，分别强烈表达了空间的主题

6. 多变的无彩色

无彩色能够整合画面配色的整体印象，使有彩色表达的意象更加明确而强烈（图 19）。黑与白的配色给人极简的印象，适用于表现高端、纯粹、坚定等意象的主题；而灰色则是搭配度极高的色彩，几乎能与任何一种色彩进行组合搭配，不同的明度更使灰色呈现出不同的面貌以及丰富的层次感（图 20）。

图 19. 无彩色的搭配

图 20. 有彩色的搭配

7. 高端的含灰色调

含灰色调具有明确的色彩倾向，既不像纯色调那样鲜艳刺激、咄咄逼人，也不像无彩色一样单调乏味，而是集合两者的特点，呈现出较为低调、优雅、沉静、柔和、朴实无华的感觉。这种配色技巧应用范围非常广泛，根据含灰量的不同，能够表现多种不同的意象效果（图 21、图 22）。

248

图 21. 高饱和度的玫红色背景搭配蓝色沙发让人觉得廉价感满满

图 22. 当把墙面与沙发的色彩调和为含灰色调的无彩色系后，高级感增强

二、明确色彩层次

　　色彩可以表现出丰富多变的层次感，通过不同的色相、明度、纯度以及配置方式，带来层出不穷的视觉效果和情感表达。

1. 加大明度差

　　在所有的色彩中，白色的明度最高，黑色的明度最低。即使是同样的纯色，不同的色相也具备了不同的明度，例如黄色的明度接近白色，而紫色的明度接近黑色。通过加大明度差的方法，可以使画面效果更加明确，主次更加分明，视觉冲击力更强，体现出生动感（图 23、图 24）。

图 23. 明度差小，较为沉闷　　　　　　图 24. 明度差大，主次分明，视觉冲击力强，空间生动

2. 缩小明度差

　　缩小明度差就会使画面中的元素之间对比减弱，形成稳重、安定、沉着的印象。适用于安静、低调、平和、温柔、淡泊、纯净、寂寞等印象主题的表现（图 25、图 26）。

图 25. 明度差大，餐椅深咖色，显得单调、老气　　　图 26. 明度差小，整体空间安静、纯净，高级感增强

3. 加大色相差

通过调整配色的色相差异，可以呈现不同的效果。色相差大，能够呈现出强调、明确的效果，其中补色组合的色相差最大。强烈的色相差异能够使每一种色彩都得到充分、有效的展示，使画面呈现出开放、明朗、活跃、动感、欢快等意象（图27、图28）。

图 27. 色相差小，平静和谐

图 28. 色相差大，动感活泼

4. 缩小色相差

色相差较小的配色能够体现较强的统一感和整体性，使画面主题明确清晰。为避免色相过于接近而产生单调感，可以加强色彩之间的明度和纯度对比，形成丰富的变化。色相差小的配色非常适用于系列性的主题表现（图29、图30）。

图 29. 色相差大，整体感弱

图 30. 色相差小，整体感强

5. 加大色调差

　　色调对配色的效果影响非常明显，色调差异大的配色通常具有较强的视觉冲击力，画面的表现力较强，极具层次感和节奏感，且主体明确（图 31、图 32）。需要注意的是画面中需要有主导的色调，否则会令整体显得混乱。

图 31. 色调差小，整体平淡

图 32. 色调差大，表现力强

6. 缩小色调差

色调差异小的配色通常具有较强的整体性，画面的视觉冲击力不强，呈现出细腻的视觉效果，给人稳定、平和、安静的感受（图 33、图 34）。但这种配色容易造成平淡、乏味的印象，因此需要通过不同色相的差异形成画面的变化。

图 33. 色调差大，整体感弱

图 34. 色调差小，整体细腻

7. 加强纯度

加强纯度指的是在色调比较平稳的画面中，将需要突出的图像或者文字部分的色彩纯度加强，使其在画面中形成较为鲜明的效果，增加画面的层次感，令画面中具有亮点，也使主次更加分明，是配色中较为常见的技巧（图 35、图 36）。

图 35. 低纯度较为平淡　　　　　　　　　　　图 36. 高纯度体现力度

8.降低纯度

　　降低纯度指的是在配色过程中，将不需要突出展示的次要内容的纯度降低，以避免配角喧宾夺主，从而使主体更加突出。除此之外，在整体纯度极高的画面中，可以将少量元素的纯度降低，以缓和高纯度对视觉的刺激，同时令画面层次更加丰富，整体更加稳定（图37、图38）。

图 37. 高纯度配色显得艳俗　　　　　　　　　图 38 低纯度配色感觉复古

附录

中国色彩——红

C10 M25 Y10 K0 银红	C0 M35 Y10 K0 桃夭	C20 M55 Y30 K0 美人祭	C30 M100 Y80 K0 朱孔阳
C0 M30 Y25 K0 十样锦	C16 M53 Y37 K5 唇脂	C20 M55 Y30 K0 维缥	C55 M100 Y100 K10 大绒
C0 M34 Y36 K0 肉红	C5 M30 Y35 K0 扶光	C20 M65 Y45 K0 红嫰	C55 M100 Y100 K40 麒麟竭
C0 M39 Y33 K0 海天霞	C0 M50 Y50 K0 朱颜酡	C0 M70 Y75 K0 芍荣	C70 M95 Y100 K40 麒麟竭
C35 M75 Y75 K0 棠梨	C35 M100 Y100 K0 胭脂虫	C45 M100 Y100 K15 朱樱	C60 M90 Y100 K30 檀褐
C23 M85 Y90 K6 檎丹	C15 M95 Y95 K0 银朱	C25 M95 Y100 K0 珊瑚赫	C55 M80 Y65 K15 霁红

中国色彩——黄、绿

断肠	葱青	缃叶	C5 M25 Y65 K0 嫩鹅黄
C0 M15 Y70 K0 桑蕾	C25 M35 Y75 K0 秋香	C12 M45 Y100 K5 栀子	C15 M50 Y85 K0 杏子
C35 M35 Y70 K0 鞠衣	C30 M10 Y30 K0 山岚	C25 M10 Y25 K0 葹葵	C35 M25 Y40 K0 春碧
C55 M25 Y55 K0 青楸	C60 M40 Y50 K0 雀梅	C65 M35 Y65 K0 菉竹	C30 M0 Y80 K0 青粲
C70 M55 Y70 K20 结绿	C70 M50 Y70 K5 油绿	C60 M36 Y82 K0 青圭	C55 M20 Y100 K0 水龙吟
C75 M40 Y90 K0 翠微	C65 M35 Y65 K0 石发	C85 M50 Y60 K10 石绿	C70 M65 Y90 K20 素綦

中国色彩——蓝、紫

C30 M15 Y15 K0 影青	C35 M5 Y25 K0 沧浪	C45 M20 Y20 K0 白青	C55 M35 Y30 K5 竹月
C50 M30 Y10 K0 窈蓝	C40 M30 Y0 K0 暮山紫	C80 M30 Y40 K0 法翠	C95 M45 Y55 K0 青雘
C65 M50 Y35 K0 菘蓝	C70 M55 Y45 K15 育阳染	C70 M50 Y0 K0 晴山	C80 M50 Y10 K0 柔蓝
C90 M50 Y40 K0 软翠	C65 M20 Y30 K0 天水碧	C85 M70 Y45 K10 青雀头黛	C80 M70 Y55 K25 群青
C75 M45 Y35 K10 太师青	C55 M35 Y30 K5 秋蓝	C75 M40 Y25 K0 授蓝	C80 M75 Y0 K0 延维
C70 M30 Y10 K0 孔雀蓝	C95 M75 Y35 K15 霁蓝	C100 M85 Y40 K20 帝释青	C100 M95 Y50 K25 骐驎

中国色彩——白

C20 M5 Y5 K0 月白	C20 M10 Y10 K0 素采	C0 M0 Y0 K10 苍苍	C5 M5 Y5 K0 山矾
C10 M5 Y5 K0 吉量	C5 M5 Y10 K0 凝脂	C10 M5 Y10 K0 皦玉	C10 M10 Y10 K0 玉颒
C15 M10 Y15 K0 二目鱼	C30 M20 Y35 K0 草白	C15 M15 Y25 K5 天球	C20 M15 Y20 K0 明月珰
C5 M0 Y15 K0 颙白	C20 M15 Y25 K0 米汤娇	C20 M20 Y25 K10 云母	C25 M20 Y20 K0 藕丝秋半
C10 M5 Y15 K0 浅云	C15 M10 Y25 K0 韶粉	C20 M15 Y25 K10 霜地	C25 M15 Y25 K0 余白
C30 M20 Y25 K0 溶溶月	C35 M25 Y25 K0 月魄	C30 M20 Y30 K0 冻缥	C40 M30 Y35 K0 不皂

中国色彩——黑

C60 M50 Y50 K0 雷雨垂	C65 M55 Y55 K10 石涅	C70 M65 Y70 K20 墨黪	C68 M65 Y70 K36 油葫芦
C80 M75 Y55 K15 黤黮	C80 M75 Y50 K15 青黛	C75 M70 Y50 K10 曾青	C85 M80 Y65 K40 灰玄
C60 M70 Y90 K35 栗壳	C70 M90 Y100 K60 福色	C60 M72 Y90 K58 密褐	C65 M80 Y90 K55 青骊
C85 M72 Y67 K52 螺子黛	C85 M80 Y65 K60 绀蝶	C80 M75 Y80 K35 骥骊	C80 M75 Y80 K52 绿云
C80 M75 Y55 K55 青绲	C80 M75 Y50 K62 曾青	C75 M70 Y50 K65 玄天	C80 M70 Y55 K25 霁蓝
C85 M85 Y65 K30 璆琳	C85 M75 Y60 K65 獭见	C90 M85 Y70 K45 瑾瑜	C100 M100 Y100 K100 煤黑

莫兰迪色彩

C72 M62 Y54 K8
C55 M63 Y75 K10
C65 M55 Y70 K9
C16 M13 Y19 K0

C37 M50 Y58 K0
C49 M49 Y40 K8
C40 M38 Y53 K0
C36 M32 Y34 K0

C32 M34 Y46 K0
C72 M57 Y50 K3
C67 M68 Y74 K28
C29 M24 Y26 K0

C45 M44 Y40 K0
C45 M27 Y38 K0
C54 M53 Y57 K0
C36 M32 Y34 K0

C35 M33 Y33 K0
C12 M27 Y37 K0
C57 M62 Y65 K3
C18 M16 Y17 K0

C22 M20 Y36 K0
C58 M50 Y50 K0
C68 M63 Y75 K22
C36 M32 Y34 K0

C55 M50 Y58 K0
C33 M42 Y77 K0
C82 M72 Y43 K4
C19 M19 Y26 K0

C75 M62 Y53 K7
C42 M48 Y50 K0
C62 M73 Y98 K40
C43 M33 Y20 K0

C30 M38 Y46 K0
C43 M44 Y47 K0
C70 M67 Y72 K30
C29 M26 Y25 K0

C38 M35 Y44 K0
C45 M27 Y38 K0
C76 M70 Y60 K3
C15 M15 Y17 K0

凡 · 高色彩

莫奈色彩

C65 M44 Y20 K0 / C66 M37 Y58 K0 / C50 M68 Y8 K0 / C70 M44 Y40 K5	C50 M36 Y13 K0 / C22 M12 Y32 K0 / C19 M27 Y29 K0 / C22 M12 Y56 K0
18 M29 Y24 K0 / C26 M13 Y7 K0 / C32 M32 Y50 K0 / C44 M53 Y64 K0	C65 M38 Y30 K0 / C50 M30 Y78 K0 / C35 M25 Y80 K0 / C20 M50 Y55 K0
77 M53 Y40 K0 / C40 M26 Y20 K0 / C67 M50 Y93 K8 / C33 M93 Y99 K5	C26 M15 Y13 K0 / C62 M38 Y82 K0 / C30 M73 Y80 K0 / C75 M57 Y50 K5
50 M36 Y13 K0 / C22 M12 Y32 K0 / C20 M27 Y30 K0 / C22 M12 Y56 K0	C62 M47 Y8 K0 / C22 M34 Y88 K0 / C46 M30 Y86 K0 / C30 M82 Y60 K0
42 M20 Y9 K0 / C8 M23 Y50 K0 / C30 M70 Y42 K0 / C75 M52 Y58 K5	C30 M54 Y26 K5 / C70 M50 Y40 K0 / C42 M16 Y68 K0 / C84 M33 Y77 K0

马蒂斯色彩

C87 M55 Y87 K24
C93 M84 Y46 K10
C14 M30 Y92 K0
C42 M98 Y80 K7

C65 M20 Y63 K0
C6 M60 Y76 K0
C48 M30 Y85 K0
C53 M59 Y84 K8

C80 M50 Y55 K3
C33 M80 Y83 K0
C73 M55 Y20 K0
C20 M65 Y45 K0

C48 M30 Y95 K0
C43 M82 Y97 K8
C38 M75 Y27 K0
C93 M70 Y17 K0

C45 M73 Y36 K0
C50 M67 Y99 K10
C47 M96 Y99 K10
C83 M64 Y86 K43

C45 M45 Y85 K0
C70 M38 Y30 K0
C17 M30 Y30 K0
C47 M93 Y96 K18

C17 M82 Y94 K0
C82 M78 Y20 K0
C18 M48 Y39 K0
C78 M47 Y99 K9

C86 M72 Y43 K5
C74 M35 Y65 K0
C30 M99 Y70 K0
C33 M65 Y83 K0

C20 M58 Y18 K0
C60 M40 Y92 K0
C18 M82 Y95 K0
C87 M70 Y28 K0

C5 M36 Y70 K0
C56 M22 Y99 K0
C90 M60 Y13 K0
C18 M88 Y25 K0

克里姆特色彩

C30 M37 Y75 K0
C45 M63 Y96 K5
20 M22 Y50 K0
C58 M83 Y100 K45

C52 M65 Y82 K8
C93 M58 Y45 K0
C57 M38 Y13 K20
C46 M89 Y69 K9

C44 M44 Y74 K0
C50 M66 Y70 K6
30 M25 Y32 K0
C52 M99 Y93 K35

C18 M25 Y16 K0
C52 M50 Y5 K0
C48 M12 Y62 K0
C40 M93 Y100 K6

C65 M40 Y30 K0
C78 M20 Y55 K0
0 M26 Y28 K0
C70 M72 Y65 K28

C20 M48 Y76 K0
C62 M73 Y98 K40
C12 M16 Y73 K0
C100 M100 Y60 K33

C80 M62 Y50 K5
C33 M55 Y90 K0
3 M53 Y23 K0
C60 M65 Y72 K15

C75 M35 Y97 K0
C25 M38 Y85 K0
C42 M100 Y90 K8
C80 M98 Y10 K0

C76 M47 Y80 K7
C82 M72 Y26 K0
82 M50 Y48 K0
C63 M80 Y20 K0

C6 M58 Y83 K0
C73 M36 Y96 K0
C18 M24 Y16 K0
C30 M100 Y78 K0

穆夏色彩

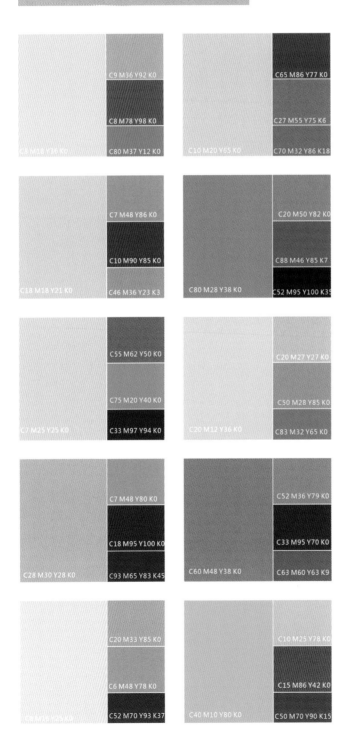

C9 M36 Y92 K0
C8 M78 Y98 K0
C8 M18 Y36 K0
C80 M37 Y12 K0

C65 M86 Y77 K0
C27 M55 Y75 K6
C10 M20 Y65 K0
C70 M32 Y86 K18

C7 M48 Y86 K0
C10 M90 Y85 K0
C18 M18 Y21 K0
C46 M36 Y23 K3

C20 M50 Y82 K0
C88 M46 Y85 K7
C80 M28 Y38 K0
C52 M95 Y100 K35

C55 M62 Y50 K0
C75 M20 Y40 K0
C7 M25 Y25 K0
C33 M97 Y94 K0

C20 M27 Y27 K0
C50 M28 Y85 K0
C20 M12 Y36 K0
C83 M32 Y65 K0

C7 M48 Y80 K0
C18 M95 Y100 K0
C28 M30 Y28 K0
C93 M65 Y83 K45

C52 M36 Y79 K0
C33 M95 Y70 K0
C60 M48 Y38 K0
C63 M60 Y63 K9

C20 M33 Y85 K0
C6 M48 Y78 K0
C8 M46 Y25 K0
C52 M70 Y93 K37

C10 M25 Y78 K0
C15 M86 Y42 K0
C40 M10 Y80 K0
C50 M70 Y90 K15

都市男性色彩

C25 M15 Y5 K0
C20 M78 Y50 K15
C10 M60 Y68 K0
C10 M18 Y22 K0
C15 M33 Y73 K0

C65 M40 Y26 K0
C88 M85 Y70 K50
C46 M36 Y35 K0
C5 M3 Y3 K0
C5 M60 Y100 K0

C42 M22 Y45 K0
C23 M42 Y68 K0
C80 M83 Y73 K0
C85 M55 Y78 K25
C20 M26 Y45 K0

C0 M28 Y7 K0
C58 M48 Y40 K0
C100 M100 Y55 K25
C5 M0 Y5 K0
C80 M75 Y75 K50

C22 M40 Y65 K0
C55 M45 Y48 K0
C65 M40 Y28 K0
C28 M20 Y25 K0
C85 M80 Y66 K35

C100 M100 Y55 K28
C88 M42 Y36 K0
C40 M40 Y55 K0
C45 M38 Y35 K0
C26 M42 Y86 K0

C28 M25 Y28 K0
C42 M35 Y32 K0
C22 M40 Y65 K0
C5 M5 Y5 K0
C85 M70 Y70 K38

C65 M40 Y20 K0
C20 M10 Y8 K0
C15 M33 Y73 K0
C85 M80 Y66 K35
C40 M25 Y42 K0

C82 M15 Y70 K0
C30 M40 Y95 K0
C5 M10 Y35 K0
C25 M10 Y85 K0
C68 M0 Y36 K0

C24 M22 Y24 K0
C46 M37 Y35 K0
C10 M42 Y86 K0
C88 M42 Y42 K0
C72 M90 Y35 K0

C20 M15 Y15 K0
C28 M20 Y30 K0
C66 M45 Y30 K0
C5 M5 Y5 K0
C85 M70 Y40 K0

C25 M15 Y15 K0
C4 M3 Y3 K0
C22 M45 Y60 K0
C50 M40 Y38 K0
C95 M68 Y0 K0

都市女性色彩

C30 M15 Y8 K0	C4 M3 Y3 K0
	C27 M35 Y32 K0
	C0 M58 Y27 K0
	C68 M40 Y28 K0

C85 M80 Y65 K40	C35 M35 Y40 K0
	C65 M100 Y50 K10
	C50 M0 Y35 K0
	C10 M35 Y30 K0

C3 M3 Y15 K0	C55 M50 Y40 K0
	C82 M15 Y65 K0
	C100 M100 Y55 K25
	C5 M60 Y25 K0

C10 M22 Y35 K0	C80 M70 Y70 K45
	C15 M55 Y15 K0
	C35 M35 Y40 K0
	C25 M13 Y15 K0

C25 M13 Y20 K0	C48 M22 Y12 K0
	C0 M32 Y75 K0
	C0 M70 Y50 K0
	C85 M80 Y65 K40

C30 M15 Y8 K0	C50 M20 Y18 K0
	C0 M30 Y8 K0
	C75 M85 Y52 K18
	C25 M58 Y80 K0

C5 M38 Y30 K0	C4 M3 Y3 K0
	C3 M15 Y42 K0
	C75 M45 Y100 K10
	C45 M5 Y22 K0

C3 M15 Y40 K0	C45 M0 Y18 K0
	C95 M60 Y0 K0
	C5 M40 Y0 K0
	C85 M75 Y75 K45

C8 M6 Y6 K0	C42 M40 Y22 K0
	C5 M0 Y5 K0
	C20 M33 Y38 K0
	C75 M2 Y20 K0

C58 M50 Y40 K0	C4 M3 Y3 K0
	C38 M68 Y70 K0
	C18 M40 Y58 K0
	C28 M30 Y35 K0

C48 M38 Y35 K0	C90 M78 Y50 K15
	C22 M0 Y95 K0
	C35 M50 Y75 K0
	C5 M35 Y5 K0

C85 M58 Y80 K25	C4 M3 Y3 K0
	C10 M22 Y35 K0
	C100 M100 Y100 K100
	C28 M95 Y52 K0

个性色彩

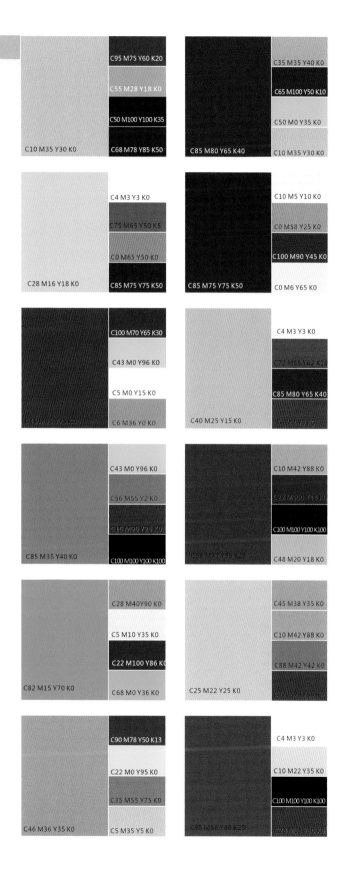

C10 M35 Y30 K0
C95 M75 Y60 K20
C55 M28 Y18 K0
C50 M100 Y100 K35
C68 M78 Y85 K50

C85 M80 Y65 K40
C35 M35 Y40 K0
C65 M100 Y50 K10
C50 M0 Y35 K0
C10 M35 Y30 K0

C28 M16 Y18 K0
C4 M3 Y3 K0
C75 M65 Y50 K5
C0 M65 Y50 K0
C85 M75 Y75 K50

C85 M75 Y75 K50
C10 M5 Y10 K0
C0 M58 Y25 K0
C100 M90 Y45 K0
C0 M6 Y65 K0

C45 M95 Y25 K40
C100 M70 Y65 K30
C43 M0 Y96 K0
C5 M0 Y15 K0
C6 M36 Y0 K0

C40 M25 Y15 K0
C4 M3 Y3 K0
C72 M65 Y62 K18
C85 M80 Y65 K40
C22 M2 Y2 K0

C85 M35 Y40 K0
C43 M0 Y96 K0
C56 M55 Y2 K0
C15 M95 Y25 K0
C100 M100 Y100 K100

C58 M73 Y95 K25
C10 M42 Y88 K0
C22 M100 Y48 K0
C100 M100 Y100 K100
C48 M20 Y18 K0

C82 M15 Y70 K0
C28 M40 Y90 K0
C5 M10 Y35 K0
C22 M100 Y86 K0
C68 M0 Y36 K0

C25 M22 Y25 K0
C45 M38 Y35 K0
C10 M42 Y88 K0
C88 M42 Y42 K0
C70 M70 Y50 K0

C46 M36 Y35 K0
C90 M78 Y50 K13
C22 M0 Y95 K0
C35 M55 Y75 K0
C5 M35 Y5 K0

C95 M58 Y80 K25
C4 M3 Y3 K0
C10 M22 Y35 K0
C100 M100 Y100 K100
C28 M94 Y80 K0

怀旧色彩

C88 M90 Y95 K75
C50 M50 Y80 K0
C36 M100 Y100 K5
C0 M52 Y85 K0
C0 M25 Y18 K0

C45 M10 Y10 K0
C0 M55 Y80 K0
C100 M100 Y70 K35
C100 M100 Y100 K100
C0 M100 Y100 K0

C0 M28 Y7 K0
C100 M78 Y68 K38
C82 M15 Y65 K0
C90 M90 Y90 K80
C55 M100 Y100 K38

C0 M28 Y7 K0
C100 M100 Y100 K100
C16 M56 Y10 K0
C0 M28 Y58 K0
C25 M13 Y15 K0

C90 M50 Y100 K18
C100 M100 Y60 K40
C70 M80 Y100 K60
C5 M25 Y45 K0
C100 M100 Y100 K100

C55 M55 Y100 K8
C15 M0 Y95 K0
C100 M100 Y100 K100
C100 M78 Y68 K35
C45 M98 Y88 K15

C82 M100 Y60 K38
C25 M13 Y20 K0
C5 M15 Y42 K0
C55 M18 Y80 K0
C0 M80 Y90 K0

C5 M15 Y40 K0
C100 M78 Y68 K35
C95 M62 Y0 K0
C4 M3 Y3 K0
C100 M100 Y100 K0

C0 M35 Y28 K0
C3 M0 Y22 K0
C90 M90 Y90 K80
C90 M50 Y100 K18
C15 M82 Y100 K0

C55 M100 Y100 K0
C0 M30 Y20 K0
C50 M50 Y85 K0
C90 M90 Y90 K80
C28 M30 Y35 K0

C0 M70 Y95 K0
C62 M62 Y72 K15
C5 M38 Y30 K0
C50 M100 Y90 K30
C50 M100 Y75 K0

C0 M45 Y42 K0
C4 M3 Y3 K0
C0 M95 Y100 K0
C90 M90 Y90 K80
C28 M95 Y54 K0

可爱年轻色彩

C5 M5 Y5 K0

C25 M5 Y10 K0

C25 M10 Y65 K0

C0 M30 Y10 K0

C2 M25 Y75 K0

C4 M3 Y3 K0

C54 M18 Y100 K0

C0 M53 Y15 K0

C5 M10 Y20 K0

C6 M25 Y0 K0

C4 M2 Y13 K0

C65 M95 Y50 K10

C0 M25 Y90 K0

C30 M14 Y9 K0

C5 M55 Y25 K0

C4 M3 Y3 K0

C45 M5 Y20 K0

C70 M85 Y70 K50

C5 M10 Y35 K0

C0 M476 Y53 K0

C58 M85 Y35 K0

C0 M55 Y50 K0

C42 M22 Y45 K0

C8 M60 Y25 K0

C0 M25 Y90 K0

C93 M50 Y60 K5

C96 M60 Y30 K0

C85 M15 Y65 K0

C0 M28 Y12 K0

C38 M50 Y45 K0

C3 M55 Y30 K0

C88 M43 Y36 K0

C95 M55 Y73 K20

C0 M55 Y55 K0

C30 M45 Y100 K0

C58 M10 Y73 K0

C50 M33 Y88 K0

C40 M13 Y13 K0

C0 M28 Y12 K0

C75 M75 Y85 K50

C3 M10 Y25 K0

C47 M55 Y58 K0

C47 M73 Y95 K10

C15 M22 Y0 K0

C25 M7 Y65 K0

C0 M28 Y7 K0

C15 M37 Y73 K0

C4 M3 Y3 K0

C0 M3 Y21 K0

C10 M15 Y25 K0

C88 M58 Y75 K0

C5 M6 Y65 K0

C27 M20 Y25 K0

C10 M35 Y30 K0

C20 M25 Y45 K0

C23 M13 Y15 K0

C0 M18 Y95 K0

C70 M31 Y42 K0

C4 M3 Y3 K0

C0 M58 Y22 K0

青春洋溢色彩

C5 M5 Y5 K0
C90 M45 Y38 K0
C85 M35 Y25 K0
C13 M65 Y88 K0
C0 M18 Y75 K0

C38 M5 Y30 K0
C0 M70 Y100 K0
C7 M13 Y25 K0
C5 M15 Y65 K0
C50 M65 Y75 K5

C30 M10 Y12 K0
C17 M75 Y90 K0
C10 M25 Y5 K0
C97 M65 Y38 K0
C53 M0 Y35 K0

C27 M10 Y15 K0
C0 M0 Y0 K0
C55 M3 Y75 K0
C4 M10 Y40 K0
C100 M65 Y2 K0

C5 M5 Y5 K0
C5 M15 Y65 K0
C78 M20 Y15 K0
C100 M100 Y100 K0
C50 M18 Y18 K0

C0 M28 Y7 K0
C100 M100 Y100 K0
C55 M45 Y22 K0
C80 M8 Y65 K0
C40 M3 Y96 K0

C5 M5 Y5 K0
C6 M25 Y35 K0
C80 M47 Y100 K10
C0 M18 Y73 K0
C43 M12 Y8 K0

C40 M33 Y30 K0
C10 M22 Y35 K0
C82 M15 Y65 K0
C0 M52 Y53 K0
C100 M100 Y100 K100

C22 M7 Y7 K0
C10 M73 Y87 K0
C5 M25 Y3 K0
C96 M62 Y38 K0
C48 M0 Y36 K0

C55 M25 Y15 K0
C82 M15 Y65 K0
C10 M13 Y25 K0
C58 M75 Y80 K30
C0 M80 Y15 K0

热情张扬色彩

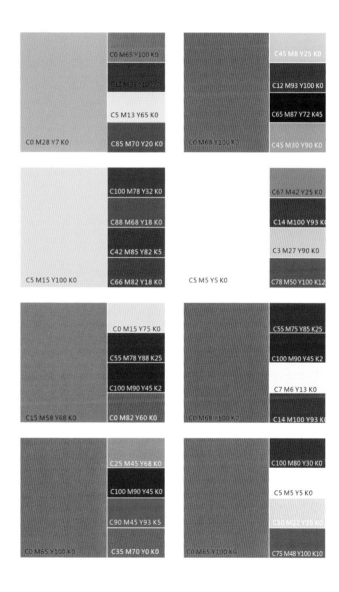

C0 M65 Y100 K0
C12 M93 Y100 K0
C5 M13 Y65 K0
C0 M28 Y7 K0
C85 M70 Y20 K0

C45 M8 Y25 K0
C12 M93 Y100 K0
C65 M87 Y72 K45
C0 M68 Y100 K0
C45 M30 Y90 K0

C100 M78 Y32 K0
C88 M68 Y18 K0
C42 M85 Y82 K5
C5 M15 Y100 K0
C66 M82 Y18 K0

C67 M42 Y25 K0
C14 M100 Y93 K0
C3 M27 Y90 K0
C5 M5 Y5 K0
C78 M50 Y100 K12

C0 M15 Y75 K0
C55 M78 Y88 K25
C100 M90 Y45 K2
C15 M58 Y68 K0
C0 M82 Y60 K0

C55 M75 Y85 K25
C100 M90 Y45 K2
C7 M6 Y13 K0
C0 M68 Y100 K0
C14 M100 Y93 K0

C25 M45 Y68 K0
C100 M90 Y45 K0
C90 M45 Y93 K5
C0 M65 Y100 K0
C35 M70 Y0 K0

C100 M80 Y30 K0
C5 M5 Y5 K0
C40 M22 Y35 K0
C0 M65 Y100 K0
C75 M48 Y100 K10

雅致品位色彩

C30 M10 Y25 K0
C27 M20 Y25 K0
C3 M5 Y25 K0
C42 M22 Y42 K0
C0 M0 Y0 K0

C38 M25 Y42 K0
C7 M5 Y11 K0
C23 M13 Y15 K0
C27 M25 Y27 K0
C70 M50 Y95 K10

C47 M20 Y10 K0
C0 M28 Y10 K0
C73 M85 Y45 K10
C30 M15 Y10 K0
C4 M3 Y3 K0

C4 M3 Y3 K0
C42 M22 Y47 K0
C7 M5 Y10 K0
C23 M13 Y15 K0
C70 M55 Y100 K15

C4 M3 Y3 K0
C38 M68 Y80 K0
C15 M38 Y55 K0
C57 M48 Y40 K0
C27 M35 Y37 K0

C7 M6 Y5 K0
C7 M15 Y15 K0
C35 M60 Y45 K0
C4 M7 Y15 K0
C27 M42 Y87 K0

C27 M25 Y22 K0
C15 M15 Y25 K0
C3 M12 Y15 K0

C23 M13 Y15 K0
C4 M3 Y3 K0
C53 M45 Y40 K0
C65 M40 Y25 K0
C38 M25 Y42 K0

C3 M12 Y15 K0
C4 M3 Y3 K0
C50 M40 Y47 K0
C23 M13 Y15 K0
C32 M45 Y97 K0

C3 M12 Y16 K0
C54 M42 Y82 K0
C38 M24 Y42 K0
C5 M38 Y30 K0
C22 M40 Y65 K0

C4 M3 Y3 K0
C27 M35 Y30 K0
C42 M22 Y47 K0
C30 M15 Y10 K0
C65 M40 Y25 K0

C50 M43 Y42 K0
C0 M0 Y0 K0
C27 M25 Y27 K0
C15 M38 Y55 K0
C25 M35 Y30 K0

自然田园色彩

C20 M27 Y45 K0

C3 M10 Y20 K0

C42 M22 Y47 K0

C10 M7 Y80 K0　　C25 M17 Y25 K0　　C6 M5 Y4 K0

C78 M48 Y100 K12

C47 M45 Y100 K12

C35 M7 Y75 K0

C95 M88 Y88 K75

C40 M45 Y55 K0

C6 M5 Y4 K0

C60 M20 Y33 K0

C35 M5 Y75 K0　　C48 M38 Y98 K0

C25 M45 Y68 K0

C56 M80 Y75 K28

C85 M60 Y78 K27

C42 M25 Y45 K0　　C20 M30 Y45 K0

C27 M10 Y10 K0

C38 M68 Y80 K0

C6 M5 Y5 K0

C85 M60 Y78 K27　　C27 M35 Y37 K0

C24 M15 Y24 K0

C95 M55 Y75 K0

C82 M18 Y65 K0

C58 M10 Y76 K0　　C78 M50 Y100 K12

C27 M10 Y25 K0

C23 M22 Y25 K0

C42 M22 Y47 K0　　C3 M12 Y20 K0　　C7 M5 Y10 K0

C100 M80 Y30 K0

C4 M3 Y3 K0

C10 M22 Y35 K0

C75 M48 Y100 K10

C3 M12 Y15 K0

C4 M3 Y3 K0

C50 M45 Y47 K0

C23 M13 Y15 K0　　C30 M45 Y95 K0　　C3 M12 Y15 K0

C53 M42 Y82 K0

C38 M24 Y42 K0

C25 M17 Y25 K0

C22 M40 Y65 K0

C5 M5 Y5 K0

C27 M35 Y30 K0

C24 M17 Y24 K0

C23 M13 Y15 K0　　C85 M60 Y78 K27　　C42 M24 Y45 K0

C0 M0 Y0 K0

C38 M68 Y75 K0

C15 M38 Y55 K0

C27 M35 Y30 K0